U0011884

從葉型、花色、樹形輕鬆辨識全台110種常見行道樹

台灣行道樹圖鑑

陳俊雄、高瑞卿◎撰文／攝影　郭信厚◎攝影

貓頭鷹

目次

在城市中邂逅自然

　　吾人之生活環境，自早期的先民農業聚落，演變為今日人口密集都會區及近郊的農業與工業區，在此發展過程中，人與自然環境逐漸疏遠，在地景的配置上，都市水泥叢林與外圍的綠色森林形成了強烈的對比。以生態學之觀點而言，城市為靠燃料推動之人工生態系統，並未具備自給自足的生態系統條件，舉凡能源、食物及民生用水皆來自外界或周圍鄉野，就連空氣也有賴附近大片森林加以淨化，故城市乃寄生在其周圍廣大的自然生態系之上，此種寄生關係實有必要提升為共生關係，而寄生者與寄主之空間配列亦須加以調整。

　　近代森林學界有一門新興的科目，即所謂「都市林業」，乃為打破此種都會區與森林壁壘分明的空間結構，將森林或樹木融入都會環境之中，其目地在營造都市森林，培育社區之樹木與綠化植物，使其對社區之環境、生活品質、社會心理及經濟上之福祉，發揮既有或潛在之功能。在這門學科中，最重要的基礎資訊就是行道樹與綠化樹種之種源選擇、形態辨識、生態特性、美學特徵與栽植管理技術。

　　台灣目前大多都市或鄉鎮，已將行道樹或公園之綠化視為主要之公共建設工程，一般居民在日常生活中，不論在居家之庭院或窗台、休憩場所之公園或校園，都有機會接近樹木花草，即使在交通路線上，也常與各種各樣的行道樹相遇，如果稍微細心觀察，便能看到自然界的植物景觀與生態現象，所謂「在城市中邂逅自然」是都市森林的最高意境，也是本書作者陳俊雄與高瑞卿兩位青年學者的信念，他們集多年來精心收錄的照片與資訊，將本書呈現給自然的愛好者。

　　書中收集了110種台灣常見的行道樹，包括來自各種生態環境的台灣原生樹種以及外來樹種。除了行道樹的定義、歷史演進、功能、栽植與維護等一般觀念以外，並在描述每一種樹木時，以多幅解析照片，經過特殊的背景純化處理，顯示主體器官，標示重要特徵與所在位置，如此可增加解說的清晰度與認識植物的興趣。生態現象一欄，特別說明每一種植物的特殊生態習性或景觀，包括植物與相關動物的關係及交互作用，有助於體會自然的奧妙，值得玩味。希望本書能帶給讀者一陣邂逅自然的喜悅，增添一分體察萬物生靈的胸懷。

國立台灣大學森林環境暨資源學系
蘇鴻傑教授

知識性與景觀美學兼備的本土行道樹圖鑑

　　市面上販售的植物圖鑑琳瑯滿目，但針對大家最常接觸到的行道樹卻不多；令人欣慰的是貓頭鷹出版社延聘兩位台灣大學森林系出身的植物專家寫了這本本土行道樹圖鑑，不但內容豐富，圖片也相當精美，能讓讀者迅速掌握每種行道樹的外觀特色，並藉著植物的外型特徵，清楚辨識出每棵樹的名字，尤其是以去背的攝影方式，將行道樹的每個部位明顯拍攝出來，讀者只須照著書中的檢索方式，便能輕易的找到想要的資訊，所以這是一本很好的工具書。書中總共收錄了110種台灣最常見的行道樹，而且還把已蔚為特殊景觀的道路列為推薦觀賞路段，實為兼備知識性與景觀美學的一本好書。

　　本書兩位作者均為台灣大學生物資源暨農學院森林資源保育碩士，在校時除了對植物分類下很大功夫外，也對昆蟲資源進行蒐集觀察，是故本書除了收集110種最常見的行道樹之外，書中還開闢一專欄來說明行道樹與昆蟲的相互關係，這可以讓讀者更加了解昆蟲利用物種的方式，而不是以人類經濟眼光來看生物間的互動，所以在內容豐富度與生態完整度來看是相當足夠的。

　　人原本屬於自然，然而在都市文明的過程中，人與自然的距離越來越疏遠，一個城市的綠化程度，可以作為這個城市生活品質的指標。都市化是人口大量聚集不可避免的現象；目前全世界將近一半的人口居住在都市中，已開發的國家則有更多的都市人口，所以逐漸增加的人口使得都市生態漸漸成為人類生活中重要的一環，而行道樹正是都市生態中最基礎也最根本的一環，因此正確的認識都市生態及了解都市中的綠色資源，將有助於人類對周遭生態環境的永續利用。

國立台灣大學生物資源暨農學院昆蟲學系
楊平世教授

《台灣行道樹圖鑑》再版序

　　自2004年《台灣行道樹圖鑑》出版以來，令人欣喜的是，越來越多人意識到行道樹的重要性，不但各地縣市政府首長，因行道樹颱風過後路倒嚴重，考量縣市行道樹種類時，會向我諮詢專業意見、仔細翻閱此書，各大圖書館、校園指定參考書、公家機關生態課程，經常可見此本圖鑑的蹤跡，陸續還獲得「十大好書」殊榮及國外參展機會，讓我的內心充滿著高興和感激。高興的是民眾心中生態種子被啟發，願意利用本圖鑑在城市中邂逅自然，而感激的是在這3C資訊爆炸的年代，本書可以在這資訊洪流中存活下來，甚至再版發行，身為執筆者，我的內心無比的振奮。

　　台灣近年來環境意識抬頭，生態的素養也逐漸成長茁壯，因此面對都市發展中人口遷移及城市變遷，都會綠帶的議題更加顯現重要，所以自本書第一版到現在，諸多城市新建綠帶行道樹採用或是原有行道樹的汰換都可以看到原生種比例增加，這對原有的都市生態系統穩定度及生物多樣性都有大大的好處，而這也正是本書希望扮演的角色，讓台灣都市的生態環境更好。

　　行道樹在都市生態中扮演著非常重要的角色，除了有增添景觀、淨化空氣的功能外，同時，提供其他生物的棲地及調節都市水循環的功能，但卻經常被忽略，而這也是本書期望引導閱聽群眾的生態重點，有時候在公共議題討論上，行道樹種對了，問題也就相對解決了，這也是為何都市規劃時，行道樹的選擇很重要的原因。

　　面對人類居住環境的劇烈極端氣候，都市生態還要面臨許許多多的挑戰，行道樹是我們每天生活，都會相遇的好朋友，不論四季更迭，春去秋來，行道樹一直都在您身邊靜靜的佇立守候，不論您之前是否不認識它或是忽略它，從現在開始靜下心來，好好的認識一下您身旁的行道樹，感謝貓頭鷹出版社及眾多讀者，對於本書的支持，也期待未來台灣的都市生態環境會更好。

作者　陳俊雄
2019年 8月

親近大自然，認識行道樹就是入門

　　形形色色的行道樹可能陪著我們等公車、紅綠燈，可能伴著我們走過晨昏的交替與四季的更迭，也可能與我們一起成長、分享我們的喜怒哀樂。如果您沒時間去野外走走，何妨在每天上學或工作途中欣賞行道樹的美感與季節變化，體驗城市中的自然景色？

　　一本介紹行道樹的書，應該提醒一下城市的人們關心自然就從認識身旁的生命做起，讓您的感官透過觀察行道樹更加敏銳，並且經由認識、了解行道樹的過程而更加親近大自然，進而愛護與自然界中的蟲、魚、鳥、獸、花草、樹木等資源，尊重它們生存的權利。

　　本書收錄的行道樹是以公路、街道上所栽植的路樹為主，為了讓讀者能更清楚的認識物種特徵，去背的攝影方法是不可或缺的。也為了要讓讀者感受到行道樹與街道、行人、車輛及地區間的關係，筆者與友人背著相機行遍全台與外島拍攝行道樹街景。在記錄各路段行道樹種類時，曾有幾次因為開車分心遭身邊駕駛人白眼的經驗，甚至於有一次還因此撞上前車，如今回想仍心有餘悸。

　　構思、撰稿期間，為了讓自己有更多行道樹知識和感動與讀者分享，腦中盤旋的常常是各個物種的型態特徵、花期、果期、分布路段、季節變換及樹兒們給人的感覺。想要尋找一種溝通自然與人文、連接科學與生活的語言，讓自己的思緒飄蕩在有關行道樹的情緒裡，完稿後反而有嗒然若失的感覺。

　　本書除了可提供一般民眾認識台灣常見的行道樹種類之外，也可提供栽植、管理行道樹的相關單位參考，希望每個地區都能栽植符合該地特色的行道樹種。居家街道中是否栽植了行道樹，這個問題看起來雖不若衣、食等民生重要，卻是生活品質的指標。

　　如果您和我一樣留意街道兩旁的綠意，將會發現四周充滿驚喜，每棵樹枝椏風姿各異，謙卑、驕傲、淺笑或冷峻，路樹如此多情！與身旁的人分享觀賞行道樹的心得，撿拾生活上感動的情緒，單調的都市生活將多點色彩。如果您能注意到身旁行道樹隨著季節轉換的姿色，便能發現居家街巷中仍有盎然的生機值得感動！

作者
高瑞卿

如何使用本書

　　本書是一本簡單易用的入門圖鑑，提供讀者認識台灣行道樹的方法。本書分針葉、闊葉、棕櫚三大類群。其中闊葉樹單元還特別以開花顏色細分為白、綠、粉紅、黃、紅及橘紅等幾類，並設成邊欄，指引入門者快速查詢。

　　本書除了針對每一物種的形態特徵、用途、地理分布以及中文俗名介紹外，並附有該種去背全彩圖片、行道樹樣貌以便利比對，更附上樹形及人的比例供讀者參考。

① 該種所屬的科名
② 該種拉丁學名
③ 該種原產地
④ 該種的平均高度
⑤ 該種未修剪過的樹形
⑥ 分為常綠與落葉兩種，下欄顏色會因不同性質更動，底色為綠色代表為常綠樹，底色為褐色則為落葉樹
⑦ 以簡單圖示代表葉形及葉序（見33頁及右表說明）
⑧ 邊欄代表闊葉樹中每個樹種花朵的顏色
⑨ 物種的中文名稱及英名
⑩ 原生種（非國外引進）或特有種標示
⑪ 該種介紹，包括本種的特徵、用途、分布地與俗別名等。
⑫ 推薦全台北中南東各具特色的行道路樹路段
⑬ 樹形和人的比例圖
⑭ 簡述該種的生態現象

① ② ③

60・闊葉樹

| 杜英科 Elaeocarpaceae | *Elaeocarpus sylvestris* (Lour.) Poir. | 原產地　中國南方、日本、琉球、台灣 |

⑨ 杜英 Common Elaeocarpus 原生種 ⑩

　　杜英是台灣低山帶的常見樹種，也是葉片會變色的植物。杜英科植物不像一般變色植物，於秋冬時節滿樹葉片同時變紅，並在短時間內一起落盡；杜英的紅葉在任何季節都能看到，我們在山區若發現綠樹上間夾著幾片紅色老葉的樹種，常是杜英科家族的一員。

　　春夏之交，杜英黃白色的小花緊密地從葉片背後竄出，花瓣先端像是被剪刀修剪過似的，有著蕾絲般的絲狀細裂。橢圓形的核果在秋天成熟，如縮小的橄欖，是上天賜給松鼠和鳥類的美食。

　　杜英屬台灣原生樹種，生長速度快，材質佳，適應性強，病蟲害少，且是相當優良的蜜源植物或誘鳥樹種。可惜目前尚未廣泛栽植為行道樹種，值得多加推廣。

台北市芝山公園旁的杜英行道樹

老葉紅色

⑬

倒披針形或長橢圓形，兩端均銳，鈍鋸齒緣。

樹形與人比例尺說明

本書所使用的樹形有三種，並為固定高度，人的圖示皆代表1.7 公尺，讀者可以依人與樹的比例推算出在路旁所見的行道樹高度。

針葉樹

闊葉樹

棕櫚樹

1.7公尺

---

④ ⑤ ⑥ ⑦

杜英・61

| 高度8公尺 | 樹形 傘形 | 葉持久性 落葉 | 葉型 |

⑧

⑪

特徵 常綠喬木。葉有柄，紙質，互生而叢集枝端，倒披針形或長橢圓形，兩端均銳，鈍鋸齒緣。總狀花序腋出，花5片，花瓣5片，倒三角形，上半部成絲狀細裂，雄蕊多數。核果橢圓形，種子堅硬，具溝紋。

用途 庭院觀賞和環境綠化的優良樹種，開花、結果茂盛，亦可栽植為蜜源植物或誘鳥樹種。木材堅硬有光澤，可製造小型器具，也是培養香菇的優良段木。果肉醃漬後可食用。

分布 中國大陸南方、日本、琉球、台灣全島海拔200至1700公尺之森林內。

俗名 杜鶯、牛屎柯

⑫ **推薦觀賞路段**

北：台北市台灣大學、至誠路、大湖公園、陽明山公園，宜蘭縣福山植物園。
中：台中市五權西二街。
南：高雄市大中路。

杜英的花朵在春夏之交盛開

核果橢圓形

種子

花瓣上半部成絲狀細裂

生態現象

⑭

杜英花朵盛開時，常吸引整樹的昆蟲，如蜜蜂、長腳蜂、蝴蝶、叩頭蟲、金花蟲、菊虎、金龜子等匆忙地在花籬間穿梭。背甲上黑黃斑相間的黃胸長腳花金龜，是其中最亮眼的角色之一，趕著在烈陽高照前飽食一餐。

葉型說明

本書所使用的葉型包含葉形及葉序，也可見於快速檢索表中或認識行道樹篇章中的葉及葉序介紹（見22～23頁）。

 代表針葉樹，本書針葉樹包括五種葉形，見42～43頁。

 單葉互生，單枚葉片交錯生長在莖兩側。

 單葉對生，葉成對生長在莖的兩側，一枚正對一枚。

 單葉輪生，植物莖的同一節上生長三枚以上葉片。

 三出複葉，每一葉柄延伸出三枚葉子，前兩葉對生。

 互生複葉，整片複葉交錯生長在莖兩側。

 對生複葉，複葉成對生長在莖同一節上。

 代表棕櫚樹，本書包括三種葉形，見42～43頁。

行道樹的定義

廣義的行道樹除包括公路與市街的行道樹外，還包含公園、校園等都市及郊區環境內園景道路所栽植的樹木。行道樹種類繁多，本書所選擇介紹的樹種以公路與市街的行道樹為主，並多選擇喬木類植物與部分常見的灌木。

凡在都市地區、鄉村及郊區之道路兩旁、分向島或人行道上栽植的樹木，均可稱之為「行道樹」，又有「道路樹」、「街路樹」、「道傍樹」、「擁道樹」等說法。英名為Street Tree或Avenue Tree。一般會以道路的用途及大小為標準，將行道樹區分為以下三種。

台一線潮州路段的大葉桃花心木行道樹，屬於公路行道樹。

公路行道樹

指高速公路及省、縣、鄉、村、里道路兩旁之樹木，如中山高速公路林口路段的杜鵑行道樹、中部第二高速公路台中至草屯的阿勃勒行道樹、台一線潮州路段的大葉桃花心木行道樹、台三線玉井至楠西路段的芒果老樹等。

市街行道樹

指都市內街道兩旁之行道樹，如台北市中山北路的樟樹與楓香行道樹、愛國西路的茄苳行道樹、台中市興大路與河南路高聳筆

台北市中山北路的樟樹行道樹，屬於市街行道樹。

台北市中山北路的樟樹行道樹，屬於市街行道樹。

台灣大學校園內著名的椰林大道所栽植的大王椰子，屬園景道路行道樹。

直的黑板樹行道樹，以及高雄市四維路的吉貝行道樹。

園景道路行道樹

指公園、校園、軍營、墓園、寺廟、庭園及社區內之行道樹，如台灣大學校園內椰林大道所栽植的大王椰子行道樹、台南市成功大學的羅望子行道樹、高雄市左營軍區的肯氏南洋杉等。

喬木、灌木的區分

喬木是指主幹單一，樹幹在離地面較高處（一公尺以上）才生出側枝，且有一定樹冠者，樹形通常較為高大。

灌木通常無主幹，樹幹在地面附近就生出側枝，呈叢生狀，無固定之樹冠者，樹形通常較矮小。

掌葉蘋婆
喬木樹種，主幹單一，在離地較高處長出側枝。

月橘
灌木樹種，無主幹，呈叢生狀。

行道樹的歷史演進

行道樹Avenue一詞起源於歐洲，原意是指莊園、城堡周圍樹林間之通道。中世紀時，歐洲的巨宅豪邸前兩側列植樹木用以指引的道路也以Avenue稱之，後來便沿用到列植路樹的林園或街道。

歷史記載裡的行道樹

在中國，行道樹古稱列樹、行樹、道路樹、道傍樹或擁道樹。約3000年前的春秋時期，就有關於行道樹的記載。《國語》中所謂：「單襄公述周制以告王曰，列樹以表道。」當時的行道樹具有指示路線、供徒步旅客休息納涼的功能。周代並特設職官野盧氏掌管行道樹，可以說是中國國營行道樹的濫觴（見《周禮》：「野盧氏掌達國道路，至于四畿；比國郊及野之道路、宿息、井、樹。」）而《呂氏春秋》：「子產相鄭，桃、李垂于街，而莫之敢授。」更說明了2500年前曾以桃、李作為行道樹。實際上，我國歷代古城重鎮都有行道樹，唐代盧照鄰的詩中有「弱柳青槐拂地垂，佳期紅塵暗天起」，可以看出唐代長安城中栽植有柳樹、槐樹等行道樹；而從宋朝名畫《清明上河圖》中，也可以看出宋代京城汴梁（今開封）的街道上種有楊柳、櫻桃和石榴等行道樹。

唐代便有栽植柳樹的紀錄

台灣行道樹溯源

據說，台灣行道樹起源於荷蘭人占據時期，約於清康熙18年（西元1679年），栽植於台南官田的蕃子渡頭地區的芒果行道樹，距今已有300年以上的歷史。日治時期日本政府在嘉義、台南地區推廣栽植芒果樹，嘉義縣水上鄉嘉南13號道路沿線如今還遺留有百餘棵近百歲的老芒果樹。目前台灣其他地區也仍存有許多百年以上的老樹，例如，屏東里港地區有兩百歲以上的老茄苳樹，新北市淡水海邊有數株老榕樹，據傳也是荷蘭人據台時期所栽植。

茄苳樹齡長，在台灣許多地區都存有百年以上的老樹。

台南官田渡子頭的芒果老樹

台灣行道樹樹種的栽植演變

隨著社會的變遷,行道樹樹種選擇也有不同的考量。日治時期及國民政府遷台初期,行道樹樹種的選擇多考慮具經濟性,以果樹或用材樹種為主要栽植對象,目前台灣各地有許多老芒果樹與老樟樹都是當時所栽種,這些樹種反映出當時用材需要及樟腦工業發達的時代背景。

隨著經濟發展,國民所得逐漸提高後,行道樹種的選擇則以觀賞花果或樹姿為考量,並且為了能於短時間內營造綠蔭的效果,常選擇生長快速、養護容易的外來速生樹種,例如各地大量栽植的木麻黃、黑板樹、阿勃勒等。

近年來,自然保育風氣盛行,綠化工程強調其生態機能,原生樹種成了選擇栽植相當重要的條件之一,誘蝶或誘鳥樹種因此大受歡迎;藉由生態學的知識在人為的環境中進行綠化,期望城市、鄉鎮中也能有鳥語花香的環境,達成都市林的各種生態機能。

外來速生樹種

所得提高後,則以觀賞花果或樹姿為考量,生長快速、養護容易的外來速生樹種,例如木麻黃、黑板樹、阿勃勒等。

經濟樹種

日治時期及國民政府遷台初期,行道樹樹種的選擇多考慮具經濟性,以果樹如芒果樹及樟樹為主要栽植對象。

原生樹種

毛柿材質佳、果實可食用,並具有吸引動物的功能,是相當理想的原生行道樹種。

栽植原生樹種的好處

從前,外來樹種常以樹姿雅潔或花團錦簇為人們所青睞,但如果從生態功能與地方特色作為考量時,原生樹種則較為理想。

原生樹種能完全適應本地的環境,比較沒有引種失敗的變數,此外,原生樹種可提供當地野生動物棲息地或食物等資源,已經與原生動植物達成生態平衡,不會造成生態的衝擊。除此之外,每個地區的環境不同、特色各異,栽植原生樹種最能顯現出地方特色。

行道樹的功能

行道樹的功能主要可分為美學、環境保護與交通安全等三大方面，規畫完善的綠化系統不但具備各種公益功能，並可反應地方特色。一個地區的氣質除了取決於各種人工建物的造型、道路設計的良窳之外，綠化樹種的選擇與配置也有關鍵性的影響。行道樹所賦予的公益機能詳述於下。

美化環境

現代人所居住的都市鄉鎮環境線條單調，色彩貧乏，尤其都市環境中生活壓力大、步調忙碌，令人精神緊張，藉由道路兩旁行道樹的自然美感與四季變化，可軟化水泥叢林的單調和疲乏感，沉澱人們的心靈，並具有穩定心情的作用，讓人們在視覺、聽覺及精神上獲得舒適感覺，並可陶冶性情、增進健康。

淨化空氣

行道樹可行光合作用，吸收二氧化碳、釋出氧氣，供人們生活所需。此外，樹木還具有吸收有毒物質與截留空氣中塵埃之功能；樹木的氣孔會吸收二氧化硫、氯、氟、臭氧等有毒物質，空氣中的塵埃也常會附著在樹木上，所以行道樹具有提供氧氣、過濾塵埃、淨化空氣及防制污染等機能。

散發陰離子與芬多精

植物行光合作用時會產生「陰離子」，「陰離子」對於人們的健康有莫大的好處，例如促進血液循環、鎮靜自律神經、消除疲勞等。此外，植物所散發的「芬多精」等揮發性精油，可除去空氣中的有害物質如葡萄球菌、鏈球菌等，具有淨化、消毒空氣的功效。

行道樹美化市容。欖仁樹是極具季節變化的行道樹種。

行道樹樹冠可阻截太陽幅射。鳳凰木的樹冠寬大，具良好的遮蔭功能，也能阻截有害輻射。

調節氣候

　　行道樹的樹冠可以阻截、反射太陽輻射，降低地表溫度，減少土壤水分蒸散，增加濕度，同時樹木也會攔阻空氣流動，減弱風速。綜上所述，行道樹可改善微氣候，使環境更適宜人們居住。

減輕噪音

　　噪音常使人緊張、疲勞、影響睡眠或耗弱精神，長期的噪音甚至會危及人們的聽覺系統。栽植行道樹，除了樹木本身可攔阻噪音源之外，樹木枝葉搖曳聲與樹上蟲鳴、鳥叫所產生的自然樂章，也具有覆蓋噪音源的作用。

指示交通、提高行車安全

　　適當行道樹種的選擇不但有助於美化環境，更可使交通順暢安全，例如在雙向車道的安全島上需種植枝葉繁茂的灌叢，可以阻擋對向車道的車燈炫光。道路經行道樹的適當規畫與配置，可具有誘導視線、遮蔽炫光等作用，使道路交通更加順暢，並可提高交通的安全性。

蔽日阻雨

　　行道樹具有遮阻太陽輻射的功能，可使行人車輛免受日晒之苦。特別是樹冠大，枝葉繁茂的樹種，晴天時可以庇蔭行人、車輛，雨天時路樹也具有阻截雨勢的功能。

行道樹具誘導視線作用。安全島上栽植黃金榕，具有引導交通的功能。

行道樹提供食源。茄苳樹的樹葉是茄苳斑蛾幼蟲的食源。

用材與果樹

　　行道樹的選擇有時可考慮選用材質較優，經濟價值較高的樹種，例如烏心石、毛柿、欅木、大葉桃花心木或樟樹等樹種；或於鄉間栽植芒果、荔枝、龍眼或可可椰子等果樹，不但可以發揮行道樹的種種功能，果實成熟收成後也可以為地方政府挹注一小筆財源收入。

行道樹形成生態廊道。木棉的花蜜吸引綠繡眼前來取食，形成水泥叢林裡的生態廊道。

行道樹的建材效益。烏心石是材質佳的闊葉一級木。

作為生態廊道

　　由於人口增加，都市與鄉村中的林地已逐漸減少，經由行道樹綠帶的營造，可以聯結都市中各個獨立的綠帶，造成網狀的綠地系統，供應野生動物取食或棲息，並作為動物遷移上的橋梁。現今行道樹綠化往往採用複層植栽，除喬木外，另配置灌木草花或地被植物來達成這個效果。

果樹提供經濟效益。荔枝、可可椰子等果樹，可為地方政府挹注一小筆財源收入。

珍貴的文化資產

古云:「前人種樹,後人乘涼。」但現代人偏愛生長快速、照顧容易的速生樹種,希望種樹後短期內就可以享受到樹木的功能。速生樹種雖可於短期內發揮各種效用,但這類樹種的壽命通常也比較短,無法形成地方的文化資產,所以樹種的選擇不應該只重視生長速度,在長久規畫不會經常改變道路現況的地區,應可考慮栽植樹齡較長的樹種,例如位於花蓮明禮路栽植數十株古意盎然的瓊崖海棠,就成為台灣重要的珍貴行道樹路段,是地方上相當重要的文化資產。

歷經數十年漫長歲月培育,才能卓然有成的林蔭大道,是飽經風霜、走過時間、走過歷史的見證人與我們社會的發展、生活作息密切相關,其種植之背景、事蹟與地方特色,更是最寶貴的鄉土文化之一部分。

觀光遊憩的功效

選擇具有地方特色且為當地居民所喜愛的行道樹種,能突顯該地特色,並且能夠吸引觀光人潮,例如陽明山地區所栽植的山櫻花、杜鵑及嘉義梅山的梅花等具有觀光、遊憩的功能。

具觀賞價值的行道樹。花季時,陽明山上盛開的山櫻花。

珍貴的行道樹老樹。花蓮市明禮路的瓊崖海棠老樹,成為地方上相當重要的文化資產。

與文化不可分割的行道樹。南迴公路伊屯的茄苳神木。

具遊憩功能的行道樹。南投集集聞名遐邇的樟樹綠色隧道。

行道樹的生態循環

行道樹是都市生態中最基礎也最根本的一環，正確的認識都市生態及了解都市中的綠色資源，將有助於人類對周遭生態環境的永續利用。

對於遠離森林生活的人來說，公園裡的花草樹木或馬路旁的行道樹，是決定都市環境品質好壞的重要指標。因為一般人都知道森林環境具有清新的空氣、宜人的氣候、水聲鳥叫的迷人景致，而都市環境卻經常是空氣污濁、水質污染、噪音喧囂，造成人們情緒緊張，導致生活節奏失調，引起所謂「文明病」。因此在都市生活中多一點綠或許可以彌補一點都市生活的缺憾。

杜英新綠與紅葉同掛樹頭，為都市增添色彩。

節流雨水，增加雨水停留時間。

枝葉多面向生長，降低都市噪音。

樹幹提供昆蟲棲息及繁殖場所

根部深入土壤，保持土壤間隙供生物生長。

昆蟲幼蟲利用植物根系生長

根系

行道樹可提供許多生物棲息空間，渡邊氏長吻白蠟蟲喜歡停棲於烏桕樹幹上。

行光合作用製造氧氣

水分蒸散降低周遭氣溫

樹冠層提供動物棲息的空間

果實提供動物食物

山櫻花盛開時，富含花蜜的花朵
引來成群的蜜蜂覓食。

樹冠層

鍬形蟲偶爾會出現於行道樹樹冠層。

樹幹

雨水沿著樹幹滲入土壤，
降低土壤沖刷。

植物根系具水土保持功能

增進土壤化育功能，增加土壤
團粒結構。

厚皮香樹形美，也是絕佳的誘鳥樹。

行道樹的水循環功能

多數人對於下雨總是希望都市規劃能夠快快將雨水引入下水道系統排出都市外。而在地球環境資源越來越少，極端氣候導致水資源失序的情況下，人們真的要開始思考如何善用周遭生態系統與未來極端氣候共存的道理。全球超過一半的人口居住在都市，所以都市的生態系統日益重要。自然界的水在大氣與陸地、海洋間交換循環，大氣中水汽的主要來源是地表土壤、水體的蒸發及植物的蒸散作用，因此行道樹在都市水循環中佔有非常重要的角色。而行道樹的分布越綿密，都市就會像是一個吸水大海綿，可以調節水在陸地的停留時間供生物利用，也可以發揮藉此發揮更大的生態功能。

為什麼說行道樹像一塊綠色大海綿呢？因為雨水從天空落下時，包含著一股很大的能量，覆蓋在都市中的行道樹，就像一塊綠色的海綿，把這股能量吸收掉。如果沒有這塊大海綿保護著，所有雨水所累積的沖刷能量就會對地面造成很大的傷害，那地面就會被雨水打得坑坑洞洞，嚴重時還會造成淹水或土石流災害，使環境變得很糟。下雨時，雨

自然水循環

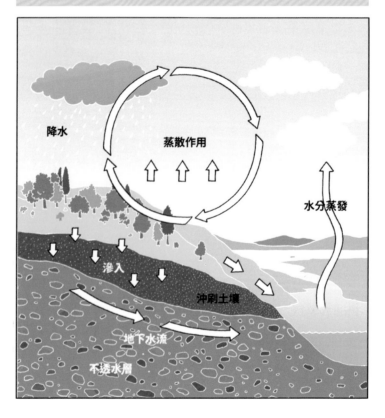

降水　　蒸散作用

水分蒸發

滲入

沖刷土壤

地下水流

不透水層

水會沿著行道樹樹木的頂端,順著樹幹緩緩流下到地表層。地表層的土壤及植物根部會吸收部分的水分,而多餘的水分又可以繼續向下滲透到岩層裡,變成「地下水」。所以行道樹在都市水循環的角色很重要。

1. **截流雨水**: 樹冠層樹葉直接截流雨水降低雨水的衝擊,雨水也可以沿著樹幹往下流入根系,降低對土壤的沖刷。

2. **蒸散作用**: 樹冠層葉子上的氣孔能排出植物體內水分,降低周遭為環境溫度,減緩都市熱島效應。

3. **光合作用**: 樹冠層葉子葉肉中的葉綠素能夠利用陽光的能量,把二氧化碳和水轉化成養分,並釋出氧氣,淨化空氣品質。

4. **降低土壤沖刷**: 下雨時,雨水會沿著行道樹樹木的頂端,順著樹幹緩緩流下到地表層。地表層的土壤及植物根部會吸收部分的水分,降低土壤沖刷。

5. **吸水功能**:行道樹的根系不只可以廣布在土壤中保護土壤團力結構外,還有另一項重要的功能,那就是吸附水分,這樣就會像海綿一樣把水分保留著,再慢慢利用蒸散作用把水分釋放到空氣中,達到調節水分的功能。

都市水循環

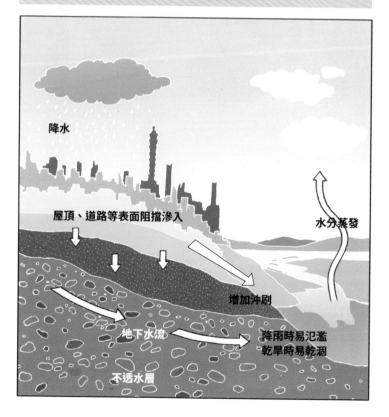

降水

屋頂、道路等表面阻擋滲入

水分蒸發

增加沖刷

地下水流

降雨時易氾濫
乾旱時易乾涸

不透水層

認識行道樹

住在都市中，幾乎每天都會看見行道樹。想認識行道樹並不是一件難事，一般常用的辨識特徵為觀察葉子、花朵、花序、果實、樹幹及根部，如果掌握到一些重要訣竅，就可以和專家一樣，一眼就可辨識行道樹的身分。

葉

一般在行道樹觀察上最容易觀察的應該是葉子了，葉生於莖、枝的節部，色綠而扁平，是植物進行光合作用、製造養分的主要器官，也是鑑別樹木主要特徵之一。在鑑別物種時，可以先觀察葉子是單葉或複葉，再配上葉子的生長方式（又稱葉序，見下頁），大概就可以辨別植物種類了。

單葉
每一條葉柄上只長一枚葉片，如榕樹。

複葉
每一條葉柄上長出兩枚或兩枚以上的葉片，如金龜樹。

三出複葉
每一條葉柄延伸出三片葉子，前兩葉對生，如茄苳。

掌狀複葉
小葉排列有如手掌般，如馬拉巴栗。

羽狀複葉
小葉排列於中軸成羽毛狀。羽狀複葉頂葉單一稱奇數羽狀複葉，如月橘；羽狀複葉的小葉排列成雙則稱偶數羽狀複葉，如荔枝；一回羽狀複葉再排列於中軸上成羽毛狀稱二回羽狀複葉，如台灣欒樹；依序為三回羽狀複葉，如苦楝。

葉序

　　指的是葉片排列在莖上的方式,配合葉子是單葉或複葉,更易鑑別物種。

輪生

莖的每一個節上生出三片或更多葉子,如黑板樹。

叢生

葉片排列呈密集的生長,如大葉山欖。

對生

莖的每一個節上生出兩片相對的葉子,如福木。

互生

莖的每一節只長出一片葉子,各節交互長出,如烏桕。

十字對生

葉片對生且上下兩片成十字狀,如龍柏。

花

　　花是高等植物的生殖器官。一般而言,一朵典型的花包含了花萼、花瓣、雄蕊以及雌蕊等四部分。要認識花之前,必須先弄清楚花與花序的不同。

花萼

花萼位於花的最外部,通常為綠色,亦有不為綠色的。

雄蕊

植物中,雄蕊的數目及形態特徵較為穩定,常可做為植物分類和鑑定的依據。

花瓣

花萼再往內延伸就是花瓣了,而這也是一般我們在觀賞一朵花的主體。

雌蕊

雌蕊位於花的中心,由著生胚珠的心皮所組成。心皮是組成雌蕊的基本單位。

花序

花序是指花生長在花軸上的排列順序。分為有限花序和無限花序，前者是指花朵由上往下綻放，花軸不再延長，花朵數目固定不增加，有單生花序和聚繖花序；後者是花朵由下往上綻放，花軸會繼續生長，花朵的數目會跟著增加。

穗狀花序

花朵直接著生在花軸上，如白千層。

單生花序

花軸頂端只著生一朵花，如猢猻木。

頭狀花序

花無花梗，著生在大而平坦的花托上，如大葉合歡。

繖形花序

小花梗幾乎等長，整個花序看來呈扇形或圓球形，如山櫻花。

圓錐花序

總軸有分枝的總狀花序或穗狀花序，如大花紫薇、苦楝等。

聚繖花序

花軸頂端生出一朵最早熟的花，下方分出二枝長短相同的花梗，花梗頂端是較晚熟的花，如海檬果。

隱頭花序

花聚生於肉質中空的總花托內，同時又被這花托所包圍，如稜果榕。

總狀花序

花軸上有互生的花梗，花梗大致等長，如阿勃勒。

柔荑花序

由單性花組成的一種穗狀花序，但總軸纖弱下垂，花（或果）成熟後與花序軸一起脫落，如垂柳。

果實

　　果實通常是位在雌花內的胚珠受精後，由子房發育形成。分單果和多果，單果者有漿果、核果、莢果、蒴果、蓇葖果，堅果和翅果；多果者則有榕果和毬果。

蓇葖果

單心皮或由離生心皮作成者，果乾燥後僅由內縫線開裂，如掌葉蘋婆。

漿果

果肉成漿質，如毛柿。

堅果

果皮堅硬，要取出種子得先敲破果皮，如銀葉樹。

核果

果實內有個硬核，如芒果、梅子等。

翅果

果皮長得像一對翅膀，可以帶著種子隨風遠播，如白雞油、榔榆。

莢果

種子排列在豆莢兩側，如豆科植物。

榕果

花托膨大成球形，花序則隱藏於其內者，如稜果榕果實。

蒴果

合生心皮，果成熟後，做縱向開裂者，如猢猻木。

毬果

裸子植物果之成圓錐形者，如濕地松。

樹幹

樹幹上的樹皮具保護樹幹、防寒、防暑、防止水分蒸發、防菌蟲侵蝕等作用，如果樹幹上又長出尖銳的棘刺，更可以抵禦野生動物的破壞，以免樹幹被磨搓、攀爬或啃食。在這裡介紹幾種較具特色的樹幹或樹皮，有助於鑑別。

片狀剝落的樹皮

白千層淡黃褐色的樹皮，薄薄的，可以一層層地剝落。屬於片狀剝落。

龜甲狀裂紋

濕地松的樹幹灰紅色，呈現不規則縱裂至龜甲狀分裂的現象，而且樹愈老愈明顯。

橫狀剝落的樹皮

肯氏南洋杉樹皮有縱紋，橫向剝落，新樹皮是具金屬光澤的古銅褐色。

滿布瘤刺

木棉樹幹直立，幼幹的樹皮青綠色，布滿小而尖銳的棘刺，老幹的樹皮灰褐色，棘刺漸少，並有板根。

縱向縱裂紋

樟樹灰褐色的樹幹呈現出一道道深溝的縱裂紋，少見剝落的痕跡。

光滑的樹幹

九芎的樹皮也會剝落，由茶褐色剝落成灰白色，樹幹相當光滑、堅硬，具有剝落後的斑紋。

節瘤

金龜樹隨著樹齡增加，樹幹會漸漸彎曲，布滿節瘤及托葉變化而成的小刺。

葉痕

葉痕指的是葉片掉落後留下來的痕跡，最明顯的落葉痕就像黃椰子樹幹上的環紋。

根

　　根是樹木吸收土壤裡水分和營養的主要部位，某些樹種為了適應環境，根部會特化為具呼吸功能的呼吸根、具支撐力的板根或是吸收水氣的氣根。具有板根的行道樹種有銀葉樹、第倫桃、吉貝、鳳凰木。具氣根的行道樹種有榕樹、印度橡膠樹等。

板根

板根的作 用除了固著樹木，讓它屹立不搖，另外還可以擋水，並增加樹的呼吸面積。吉貝老樹的板根陡峭直立。

氣根

榕樹的氣根通常從植物莖上長出，並且在空氣中生長，一旦接觸到地面，伸入土中，會快速加粗，變成了具支撐力的支柱根。

呼吸根

落羽松大多生長於沼澤地，土壤空隙被水分占據，較缺乏氧氣，因此根部常隆起成板根或生出膝蓋狀呼吸根，以吸收空氣中的氣體。

觀察行道樹及賞樹紀錄表

觀察行道樹最簡單也最方便的方法，就是運用我們的感官。包括視覺、觸覺、嗅覺，並且用心觀賞行道樹的四季變化及開花結果等各樣姿態。

樟樹的樹葉經過搓揉會散發強烈芳香

用眼睛看

　　認識行道樹的第一步驟，就是用眼睛觀察，觀察葉子的形狀、外觀及大小，觀察花的顏色、花序排列，以及觀察行道樹的果實、樹皮、樹幹等特色。這些都是親近行道樹的第一步，所以要觀察行道樹，用眼睛看是最簡單的一步，也是最重要的第一步。

用手摸

　　認識行道樹的第二步驟，就是用手去摸一摸、揉一揉，藉由手部的接觸來感受行道樹的特色及質地。樹葉的質感，樹幹的粗糙

盛夏時，步行在陽明山的楓香大道，令人心曠神怡，暑氣全消。

白千層的樹皮成剝落狀

或細緻紋理，都可藉由手部觸感來感受，是辨識行道樹一個很好的方法。

用鼻子聞

　　認識行道樹的第三步驟，就是用鼻子去聞一聞，不論是花朵盛開時的芳香或是葉子搓揉後的強烈味道，都逃不過人們敏銳的嗅覺，甚至有些時候站在遠處就可以聞到行道樹散發的強烈味道。

用心感覺

　　認識行道樹的最重要步驟就是用心去感受了。任何感覺如果不是用心去體會及期待，則所有的感受將無法成真，這樣就無法感覺到都會中行道樹的生態之美。

刺桐的樹幹布滿尖銳小刺

賞樹紀錄表

觀察時間：_____年_____月_____日

觀察地點：_____

樹木名稱：_____

生活史：□吐芽　□長新葉　□落葉　□花苞　□開花　□結果　□果熟

　　　　□落果　□枯萎　　□其他：_____

共同生活的居民：□鳥類　　□昆蟲　□其他動物：_____

　　　　　□爬藤　□蕨類　　□其他：_____

我的觀察：_____

葉　□單葉　□羽狀複葉：□一回　□二回　□三回　□三出複葉　□掌狀複葉

　　　生長方式：□對生　□互生　□叢生

　　　葉的形狀：葉形：_____　葉緣：_____

　　　葉面：_____　托葉：_____

　　　其他：_____

花　□單生花　□花序：_____

　　　開花時間：_____　花色：_____

　　　花瓣：_____　其他：_____

果實　結果時間：_____

　　　形狀：_____　顏色：_____　成熟期：_____

　　　果實或種子描述：_____

　　　其他：_____

樹幹　樹幹外觀：_____

　　　樹幹描述：_____

　　　其他觀察：_____

　　　_____

行道樹的選擇與栽植

行道的樹種選擇與栽植關係著行道樹是否能生長良好，而樹種的選擇應該有適地適木的觀念，要配合氣候、土壤等因素，選擇最適合的樹種，才能達到預期綠化的效果。

慎選樹種

要擁有生長良好的行道樹，首先要有適地適木的觀念。氣候條件、土壤因子、日照情況或植穴的大小等因素，都要謹慎考量。例如，中高海拔地區氣溫較低，應選擇耐寒樹種；城市環境各種污染嚴重，宜選擇耐塵、抗污染樹種；海岸地區長期遭受海風吹拂，容易造成樹枝斷裂、樹木傾倒，並帶來鹽分，應選擇抗風、耐鹽的海岸樹種，例如黃槿、水黃皮、毛柿等；高架道路橋下日照較少，則可選

海岸地區灌木樹種。草海桐是適合栽植於海岸地區的灌木類行道樹種。

擇竹柏、鵝掌藤等耐陰植物。此外，道路綠化植物的選擇要與周圍環境協調，道路的長短、寬度及周圍建築物的形態、色彩與質感，都要與植物的形態、意像相輝映，達到風格的一致與意境上的統一，例如在距離較短的巷道栽植大樹會有壓迫感，而在寬闊的大道上，如果只栽植灌木或小喬木，亦造成景觀上的不協調，達不到綠化環境的效果。

海岸地區喬木樹種。海岸地區因為長期受海風吹拂，鹽分較高，需選擇抗風及耐鹽的樹種，如黃槿。

中高海拔樹種。中高海拔因為氣溫較低，需選擇耐寒樹種，如梅樹。

高架路橋樹種。高架路橋下因為缺乏日照，宜選擇耐陰植物，如鵝掌藤。

正確的植穴與舖面設計

　　樹木生長的良窳與植穴及舖面設計有密切的關係，植穴的大小和位置都會影響樹木的生長，植穴太高會造成澆水不易，水分、養分容易流失；太低則會排水不良，長期積水會導致樹木根部腐爛，嚴重時則導致樹木死亡。水泥及柏油舖面則會影響土壤通氣性，並阻絕樹木水分及養分，較佳的舖面設計應考慮其透水性及透氣性，同時樹木基部附近應有足夠的空間，讓樹木能夠自由地呼吸。

需考慮棉絮果實的影響。美人樹果實具棉絮，會刺激呼吸道，應栽植於行人較少處。

衛生安全考量

　　許多植物會有落葉、落花、落果的現象，造成清理工作較為困難，甚至會散發異味，但這些植物常是具有季節性特色的植物，能夠提供路人感官上的饗宴；所以在車輛較多、交通擁擠的路段，因為打掃不易，且為避免大型落果誤擊行人的事件發生，應該避免栽植落葉、落花、落果量大的樹種。鄉間道路車流量與行人較少，可選擇栽植這類樹種。另外有些植物體上具有尖刺，會危及行人安全，在行人較多處應避免栽植；但有時為了引導行進方向，可以選擇在中央分隔島上栽植此類植物，避免行人穿越馬路。另外有些樹種具有毒性，栽植時應豎立告示牌，避免民眾誤食。

正確的植穴。植穴的大小和位置的高低與植物生長密切相關。

有毒植物應標示。海檬果的果實有毒，栽植時應設置警告標示。

樹幹具棘刺，行人小心。木棉樹具有棘刺，應栽植於行人較少的路段。

行道樹的維護及管理

行道樹是人們最好的朋友，具有陶冶性情、美化市容、吸收塵埃、隔絕噪音、釋放氧氣等功能，是都市生態相當重要的一個環結，要擁有優質且充份發揮功能的行道樹，需要人們悉心地管理與維護。

都市對樹木來說，是一個生活條件差的環境。氣溫高、空氣污染嚴重、土壤養分與生長空間不足，由於種種不利因素的影響，使得其生長受到限制；因此，適地適木地選擇樹種，是指在了解各類樹木的生長特性之後，給予最適宜的生活環境。此外，還需建立良好的維護管理制度，教導民眾正確的生態保育觀念，才能使樹木在人為環境中健全地生長，使各個街道都能成為綠樹成蔭、花團錦簇的美麗景象。

加強平日之撫育與維護管理

行道樹需要妥善地照顧才能發揮其各種功能，例行性的工作有澆水、施肥、除草、除蔓、病蟲害防治、枝條修剪及植穴土壤翻鬆等，栽植之後須由具備園藝專業技能的人員細心地撫育，才能使路樹健康美觀。

建立行道樹檔案系統、加強機關間之協調聯繫

各縣市應對於其所有的行道樹編號建檔，包括每一棵樹的樹種、胸徑、樹齡、病蟲害管理等資料，並且定期進行普查更新資料。公路工程單位的道路拓寬，電信、水電單位架設管線等工作，均與道路兩旁的行道樹

行道樹建檔編號管理

樹木栽植過密，掩蓋了樹形美感。

修剪過度的印度紫檀行道樹

過小的植穴會造成植物生長不良

密切相關，應加強溝通協調，取得共同維護路樹資源的共識，使開發與環境保護能取得最佳平衡點。

加強教育宣導

1.行道樹認養制度的建立。

2.宣導愛樹、植樹的正確觀念。

3.行道樹公益功能的宣導。

4.生態保育觀念建立。

行道樹常見的維護管理問題

行道樹多佇立在道路兩側，雖為全民所共享，但卻在民眾缺乏公德心與生態觀念不清楚之下遭受各種傷害。常見的行道樹維護管理問題有以下六項。

一、樹木栽植過密，掩蓋了樹木本身的樹形美感。

二、植穴太小或設計不良，限制了樹木的生長。

三、同一路段大面積栽植單一樹種，易造成病蟲害傳播。

四、樹木過度修剪，影響樹勢，使樹木受到病蟲危害，造成衰竭死亡。

五、路樹砍除或者不當移植，造成樹木枯損、死亡。

六、任意堆置廢棄物或物品於植穴上，影響樹木生長。

七、於路樹上曝晒衣物或者張貼、噴漆廣告，懸掛或豎立招牌、旗幟、燈具或裝飾物品於樹木上，影響樹木的生長與街道景觀。

堆置廢棄物品在植穴上

懸掛燈具於樹木

行道樹的修剪

樹木的生長，最好是任其自由發展，但有時為了景觀及特殊目的之考量，必須進行修剪。修剪必須有目的地配合樹木之基本樹型施作，由於任一修剪都可能影響樹木生長，因此若未確定修剪目的，任何枝條都不應該去除。行道樹的修剪通常基於以下原因：

1. 公共安全。減少樹木傾倒或枝條斷落或遮擋交通號誌、標註、路口轉彎處之枝條。
2. 維持植株健康。
3. 提供樹冠之通透性，適度減少遮蔭和風阻。
4. 調節林木生長勢。
5. 形成良好之樹體力學結構。
6. 調節花或果實生產。
7. 改善景觀，增進美學。
8. 其他特殊需求。

　　簡而言之，最先要剪除的是影響交通號誌或妨礙車輛行人安全之枝條，其次是枯枝、斷枝和病蟲害枝，及生長畸形不良的不正常枝。塑造樹型整體結構之結構枝條，不應修剪。

行道樹的修剪方法

　　行道樹的修剪方式，依樹型大致分成三種。

(一) 針葉樹

　　一般而言，針葉樹種的枝條較細，枝條基部通常無明顯之隆起。修枝時切口盡量平滑，以利傷口之癒合。枝條較小時，正確之修枝位置如圖1所示，A為正確，B、C皆屬不良，會造成殘枝。

適當的行道樹修剪

修剪惡例

當枝條較粗,枝條基部和樹幹連結處有明顯之隆肉(枝領),則宜採用B或C方法。(圖2)

(二) 闊葉樹

1. 枝條之修剪

闊葉樹種樹幹分生枝條時,樹幹和枝條接合處,有隆起之皺皮稱枝皮脊線,在枝條基部會形成凸起的環狀細胞稱為枝領,為林木的自然防禦機制。因此,切除枝條時,以不傷害枝皮脊線和枝領為原則。

(1) 小枝條之修剪

闊葉樹樹幹和枝條之縱剖面,紅線為枝領明顯時修剪之位置。(圖3)

當枝領不明顯時,切口的位置與枝皮脊線的角度要均分假想線後,使(a)與(b)角度約略相同(圖4)。

小枝條

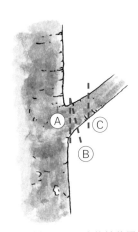

圖1:針葉樹隆肉(枝領)不明顯之修枝位置;A為正確,B、C皆屬不良。

小枝條

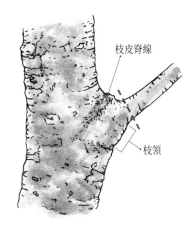

圖3:闊葉樹樹幹和枝條之縱剖面,紅線為修剪之位置。

大枝條

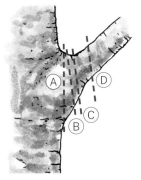

圖2:針葉樹大枝條隆肉(枝領)明顯之修枝位置。1.枝徑小於3公分時,可採用A及B方法。2.枝徑若大於3公分時,宜採用B或C方法,A為錯誤位置。3.不論枝徑大小,D皆屬錯誤之位置。4.若枝徑大於5公分,需採用三切法,以免撕裂樹皮。

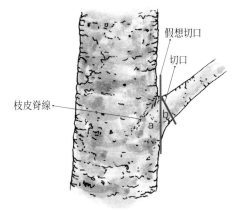

圖4:枝領不明顯時,修枝之方法,枝皮脊線與切口劃一假想線,使a和b角度約略相同。

(2) 大枝條之修剪（三切法）（圖5）

枝條的直徑在5公分以上時，切除的過程應該分成三個步驟，以免樹幹下側樹皮撕裂，步驟如下：

A. 先於枝條下端離基部約20公分處，鋸一受口，深度約為枝徑三分之一，然後離受口約2公分鋸切位置2，最後步驟為3，由A、B之位置鋸切。

B. 注意找出枝皮脊線，和枝領之位置。

C. 正確鋸切位置為A到B，或B到A，小心鋸切避免損傷樹皮，其形成傷口癒合形狀為○。

D. 若B位置不明顯，則鋸切位置其夾角EAB應和EAD大致相同。

E. 不正確之鋸切位置如CE、CB、AE，其所形成癒合傷口形狀分別為()、∪、∩，最後均會造成傷口癒合不全，致樹幹內部腐朽或變色。

2. 主幹之修剪

(1) 分叉幹之修剪

在樹木生長過程中，主幹通常較側枝優勢，但是在某些時候側枝的生長也會和主枝一樣優勢，稱為等勢幹或分叉幹。

等勢幹宜在幼齡木階段，枝徑在3～5公分以下時，即應儘早進行修除，若直徑超過10公分應避免修除。（圖6）

(2) 截剪修剪

為修除較大較長之枝條或主幹，非必

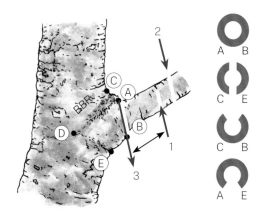

圖5：大徑枝條修枝枝三切法及不同鋸切位置之傷口癒合形狀

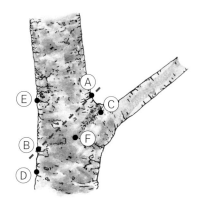

圖7：闊葉樹不得已要截幹時，正確之位置為A、B，其中F為枝皮脊線之端部，B和F在同一水平上，不正確之位置AE、AD、CE、CB和CD。

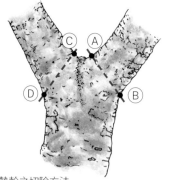

圖6：等勢幹之切除方法

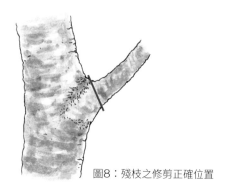

圖8：殘枝之修剪正確位置

要，避免使用此種修剪方法，但當樹木主幹受颱風破壞折斷或樹形不良或欲縮小樹高冠幅，截剪修剪之截頂修剪為可接受之方式，此時需考慮留存的枝條是否能維持生長和具有頂芽抑制之能力，亦即留存之枝條需為主幹直徑三分之一以上。(圖7)

A. 截頂修剪

截頂修剪指切除主枝、芽及側枝上之枝條，這些枝條通常無法長大到具有頂芽優勢之作用。

B. 截幹修剪

截幹修剪是將樹幹削減到預先設定高度，這是一種不建議或錯誤的修剪作業。截幹修剪會導致枝條枯死、腐爛，且在切口位置產生不穩固的叢生枝條，一旦這些枝條變大變長後，造成潛在的危險。

3. 殘枝之修剪

林木因氣候因子，生長競爭或是修剪不當所造成的殘枝，在修剪以前要仔細檢查它與樹幹接連的位置，看看是否有癒傷組織形成，在修剪時避免傷害到癒傷組織，同時切口應該要在癒傷組織外側。(圖8)

(三) 棕櫚類修剪

棕櫚類的葉、花、果或鬆散葉柄可能造成危險情況時，應進行修剪。(圖9)。

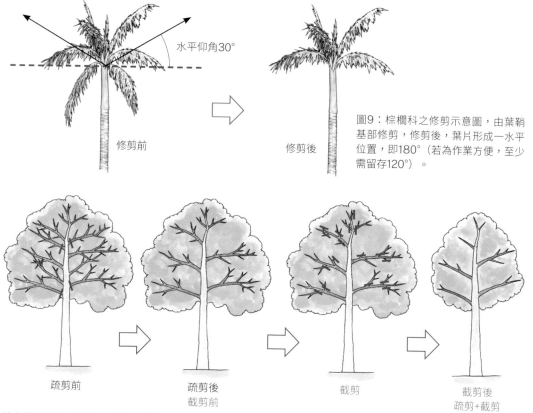

水平仰角30°

修剪前　　　　　修剪後

圖9：棕櫚科之修剪示意圖，由葉鞘基部修剪，修剪後，葉片形成一水平位置，即180°（若為作業方便，至少需留存120°）。

疏剪前　　　　疏剪後
　　　　　　　截剪前　　　　　截剪　　　　　截剪後
　　　　　　　　　　　　　　　　　　　　　疏剪+截剪

林木樹冠疏剪+截剪及修剪位置前後之示意圖。

常見錯誤修剪

以下列出8種常見錯誤,修剪時宜避免,以免造成植株重大損傷甚至死亡:

1.截幹修剪

造成枝條和樹幹連結部份之幹萌枝,因枝條木質部和樹幹木質部無法有效連結,因此對外力之抵抗很弱,容易造成劈裂。

3.傷口過大

太大之傷口無法在1至2年內癒合,結果必造成病源菌之入侵而腐朽。

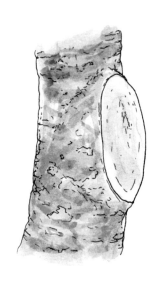

2.留存殘枝

殘存一部分枝條在樹幹上,延緩傷口之癒合時間,同時提供微生物生長所需之食物及環境。尤其已枯死的殘枝,成為腐朽菌擴延至主幹的通道。

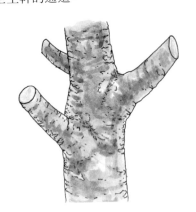

4.樹皮撕裂

大枝徑枝葉繁茂枝條之修剪,未遵照三切式修剪方法,容易造成樹皮剝離。樹皮剝離,林木樹幹一定腐朽。

5.傷口不平齊或傷口粗糙

切口不平齊或傷口粗糙，造成傷口癒合延緩，增加病原菌入侵之機會。

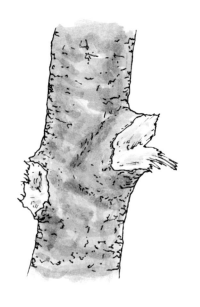

6.修剪位置錯誤

未依正確位置或截幹修剪，破壞林木自身之防禦機制，致病原菌入侵主幹，造成腐朽。

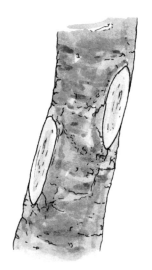

7.樹冠過度提升

將樹冠內圍較低位置的全部或大部分樹枝去除，導致樹冠過度提升。過度移除樹木的活組纖，對樹型與樹木的健康可能會有不良影響。

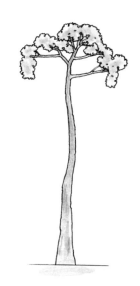

8.獅尾式修剪

主枝內的枝葉被過度修剪，形成獅尾現象，造成枝葉只集中樹梢，弱化枝條結構，抗風力弱。

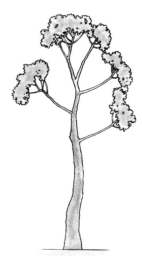

行道樹樹種快速檢索

本書除了可以依據行道樹花朵顏色利用色塊進行檢索之外，讀者也可以利用以下兩個階段來檢索。第一階段先利用樹木的葉、花、果部位區分針葉樹、闊葉樹和棕櫚樹（上欄的顏

第一階段：分辨針葉樹、闊葉樹或是棕櫚樹

葉	花
葉多尖細，常呈針形、線形或鑿形。 針形　　線形 鑿形	花單性，無花萼與花瓣。
葉脈平行 掌狀葉　　羽狀葉	花之各部位，如花萼、花瓣、雄蕊等多為3或3的倍數。
具單葉、掌狀複葉、羽狀複葉等各種葉形。 掌狀複葉 單葉　　羽狀複葉	兩性花、單性花、雜性花都有多具花萼或花瓣 花之各部位如花萼、花瓣、雄蕊等多為4、5或4、5的倍數。

色可檢索到個論的邊欄色塊），第二階段再以葉形分辨個別樹種，便能夠快速找到想認識的行道樹種。

果	
多為毬果，少數漿果或核果狀。 毬果 核果	**針葉樹** 第二階段——到第42頁
核果　　　　漿果 堅果	**棕櫚樹** 第二階段——到第42頁
果實多型，有核果、翅果、漿果、莢果、蒴果、蓇葖果等。 核果　　蒴果　　翅果 莢果　　漿果　　蓇葖果	**闊葉樹** 第二階段——到第44頁

第二階段：以葉型索引

針葉樹

本書所收錄的五種針葉樹，分別屬於下列五種葉形。

針形
2至3針一簇

濕地松 **P.50**

線形
排成兩列

落羽松 **P.52**

鱗片葉或針狀葉

龍柏 **P.54**

棕櫚樹

本書所收錄的棕櫚科行道樹主要有三種葉形，即一回羽狀葉、二回羽狀葉與掌狀複葉。

一回羽狀葉

亞力山大椰子 **P.250**

可可椰子 **P.254**

棍棒椰子 **P.258**

一回羽狀葉

大王椰子 **P.264**

酒瓶椰子 **P.266**

黃椰子 **P.268**

卵圓狀披針形

竹柏 **P.56**

鑿形葉

肯氏南洋杉 **P.58**

羅比親王海棗 **P.260**

台灣海棗 **P.262**

二回羽狀葉

叢立孔雀椰子 **P.252**

掌狀葉

蒲葵 **P.256**

闊葉樹：單葉互生

闊葉樹的葉形有單葉、三出複葉、掌狀複葉與羽狀複葉等，但闊葉樹種的種類較多，第二階段的檢索細分如下：單葉的樹種可參考本頁至44頁，三出複葉和掌狀複葉的樹種可參考第46頁，羽狀複葉的樹種可參考第48頁。

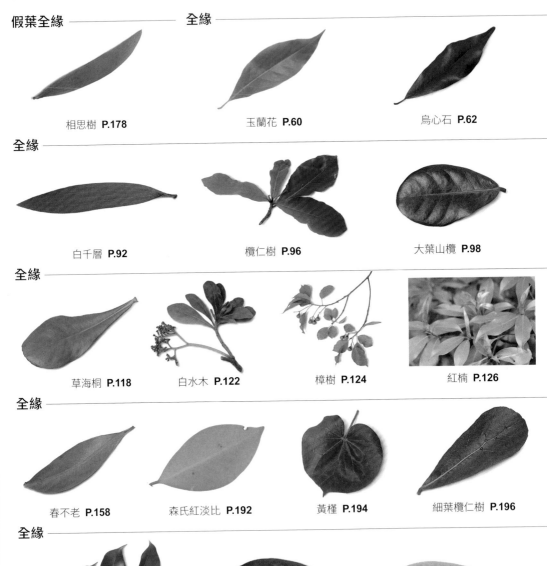

假葉全緣

相思樹 **P.178**

全緣

玉蘭花 **P.60**

烏心石 **P.62**

全緣

白千層 **P.92**

欖仁樹 **P.96**

大葉山欖 **P.98**

全緣

草海桐 **P.118**

白水木 **P.122**

樟樹 **P.124**

紅楠 **P.126**

全緣

春不老 **P.158**

森氏紅淡比 **P.192**

黃槿 **P.194**

細葉欖仁樹 **P.196**

全緣

垂榕 **P.240**

榕樹 **P.242**

黃金榕 **P.244**

全緣

銀葉樹 P.76　　厚皮香 P.84　　檸檬桉 P.88　　大葉桉 P.90

台東漆 P.106　　烏皮九芎 P.108　　海檬果 P.114　　緬梔 P.116

烏桕 P.132　　芒果 P.136　　杜鵑 P.154

毛柿 P.198　　黃花夾竹桃 P.204　　印度橡膠樹 P.238

全緣
心形，先端深凹裂

菩提樹 P.246

稜果榕 P.248

艷紫荊 P.1442

羊蹄甲 P.146

闊葉樹：單葉互生

鋸齒緣

梅 P.64

杜英 P.70

錫蘭橄欖 P.72

第倫桃 P.120

鋸齒緣

台灣赤楊 P.184

阿里山千金榆 P.186

長尾栲 P.188

榔榆 P.190

闊葉樹：單葉輪生

鱗狀葉輪生

木麻黃 P.224

單葉輪生

黑板樹 P.138

重瓣夾竹桃 P.162

單葉對生

全緣

瓊崖海棠 P.86

闊葉樹：三出葉互生

小葉鋸齒緣

茄苳 P.130

小葉鋸齒緣

珊瑚刺桐 P.216

闊葉樹：掌狀複葉互生

小葉全緣

猢猻木 P.78

吉貝 P.80

馬拉巴栗 P.82

掌葉蘋婆 P.226

垂柳 P.128

山櫻花 P.140

桃 P.142

青剛櫟 P.166

淺裂鋸齒緣

欅樹 P.212

扶桑花 P.228

欒葉翅子木 P.74

楓香 P.232

鋸齒緣

九芎 P.94

流蘇 P.110

福木 P.134

大花紫薇 P.156

金露花 P.164

雞冠刺桐 P.218

黃脈刺桐 P.220

刺桐 P.222

小葉鋸齒緣

木棉 P.236

美人樹 P.152

黃金風鈴木 P.206

闊葉樹：一回奇數羽狀複葉互生或對生

小葉互生 ——————————————————————— 小葉互生、羽狀裂 ———

月橘 P.100　　　印度黃檀 P.180　　　印度紫檀 P.182

銀樺 P.234

闊葉樹：一回偶數羽狀複葉互生

小葉對生 ——————————

大葉桃花心木 P.102　　　阿勃勒 P.168

黃槐 P.170

鐵刀木 P.172

闊葉樹：二至三回羽狀複葉互生

二回羽狀葉 ——————————

大葉合歡 P.66

金龜樹 P.68

雨豆樹 P.148

盾柱木 P.174

小葉對生 ──────────────────────────── 羽狀葉對生、小葉對生

黃連木 **P.104**　　白雞油 **P.112**　　水黃皮 **P.150**　　火焰木 **P.230**

────────── 小葉互生 ──────────

羅望子 **P.176**　　荔枝 **P.202**　　龍眼 **P.208**

────────── 二至三回羽狀葉互生 ──────────

台灣欒樹 **P.200**　　鳳凰木 **P.214**　　苦楝 **P.160**

針葉樹

種子植物可分為裸子植物與被子植物，裸子植物是經冰河時代的洗禮後存活下來較為原始的種類，曾經在化石中發現許多與現存的裸子植物相同或相類似的種類，可謂之為活化石。由於大部分裸子植物的葉形為細長的針形、線形或鑿形葉，且多為喬木，因此這類植物又被稱為針葉樹。

針葉樹在世界有12科83屬1000多種，本書選擇5種常見的行道樹種類，除了竹柏為台灣原生種之外，其他均由國外引進栽植。

松科 Pinaceae	*Pinus elliottii* Engelm.	原產地　美國

濕地松 Slash Pine, Swamp Pine

樹冠橢圓形

濕地松原產美國加州、佛羅里達州與路易斯安那州等地，生長於地勢低窪、經常積水的湖岸地帶，材質堅重強韌，為美國東南部相當重要的經濟樹種。1915年首次引入台灣，後來又因為造紙需要，陸續引進栽植與日本黑松和琉球松並列為台灣三種引進數量最多的松樹。

植物學家將松樹分為硬木松和軟木松兩類，硬木松葉二或三針結合成一簇，材質較硬；軟木松葉五針結合成一簇，材質較軟。台灣常見的硬木松樹種，有濕地松、黑松、琉球松、台灣二葉松和馬尾松等。濕地松與其他硬木松樹種比較，松針較長，20至30公分，深綠色，三針一簇比率高，樹皮呈紅褐色。

濕地松屬常綠大喬木，樹姿雄偉挺拔，樹高可達20公尺以上。性喜冷涼，生長緩慢，壽命長，在台灣北部生長較佳，栽植於南部者因氣候炎熱，生長不良。

鱗背先端具反曲狀小尖刺

葉常二針一簇

高度 20 公尺	樹形　橢圓形	葉持久性　常綠	葉型

特徵 常綠喬木，葉堅硬，二至三針一簇，深綠色有光澤，長20至30公分。雄花簇生，紫黑色具長柄；雌花淡紅色。毬果卵圓形或卵狀圓錐形，長6至18公分，下垂，果鱗扁平，鱗背淡紅褐色，具反曲狀小尖刺，鱗棘光滑。種子三角形，種翅刀形。

用途 可供採松脂，造紙漿。材質堅重強韌，可用於建築、合板或鐵道枕木。

分布 原產美國，全台零星栽植。

俗名 美松

推薦觀賞路段

北：台北市的仰德大道、內湖路一段、台北植物園。

南：嘉義市嘉義樹木園，高雄市壽山忠烈祠、澄清湖、雙溪熱帶母樹林、扇平。

樹皮紅褐色

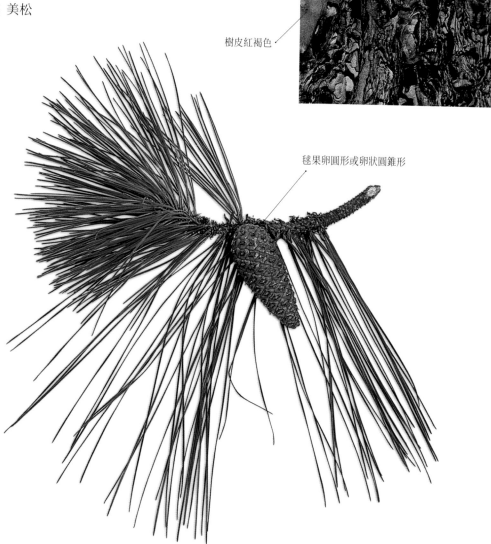

毬果卵圓形或卵狀圓錐形

杉科 Taxodiaceae	*Taxodium distichum* (L.) Rich.	原產地　美國密西西比河流域

落羽松 Southern Cypress, Swamp Cypress, Gulf Cypress

　　落羽松因小葉狀似羽毛，冬季葉片轉成褐色後，片片落盡而得名。別名「美國水松」，原產於美國東南部密西西比河下游，常於濕地環境中形成廣大的森林，稱之為「柏沼」。

　　落羽松適合栽植於土壤水分含量高，通氣性不佳的環境中，為世界知名的水岸造景樹種。其樹形優美，且依季節更替變換著不同的風采。春天時，長枝條上冒出短椏，短椏上排列著兩行嫩綠，每一枝短椏恰似一支鳥羽；夏季葉色由青綠轉為深綠，羽翼豐盈；秋天，一樹黃褐，宛如穿著黃衫的老人；隨後小枝條與葉片翩翩落地，僅留枯幹佇立。

著果枝條

高度5公尺	樹形　橢圓形	葉持久性　落葉	葉型

特徵 落葉喬木，常具板根或膝根。葉螺旋狀，排成兩列，薄紙質，狹線形，先端銳，長約1至1.5公分。雌雄同株，雄花卵形，多數排列成下垂之圓錐花序，雌花頂生，由多數之覆瓦狀心皮構成。毬果球形，木質，長約2.5公分，果鱗盾狀，內含種子2枚，種子具翅。

用途 材質緻密堅硬，可作為建築或枕木使用；植株優美，抗澇性佳，是優良的濕地行道樹及園林造景樹種。

分布 原產美國密西西比河流域

俗名 落羽杉、美國水松

推薦觀賞路段

北：台北市台北植物園、至誠路，新竹縣北二高關西休息站。

中：南投縣溪頭森林遊樂區。

東：花蓮縣新城鄉光復路，宜蘭縣員山鄉湖前路。

毬果球形，木質，長約2.5公分。

葉螺旋狀，排成兩列，薄紙質，狹線形。

春天的落羽松滿樹新綠

落羽松冬景

生態現象

落羽松生長於沖積河灘地上，由於濕地環境土壤空隙被水分占據，氧氣較缺乏，因此落羽松的根部常隆起形成板根或生出膝根，以吸收空氣中的氣體。

柏科 Cupressaceae	*Juniperus chinensis* L. var. *kaizuka* Hort. *ex* Endl.	原產地　中國、日本

龍柏 Dragon Juniper

　　龍柏枝葉茂密青翠，螺旋伸展，如飛龍蟠柱，所以被稱為龍柏。龍柏四季長青，耐修剪，常被雕塑成尖塔形，裝飾作為應景的聖誕樹。龍柏因樹形雅致，散發特殊芬芳氣味而廣受歡迎，其古樸蒼勁的氣質適宜庭園造景，被視為世界上最佳庭園植物之一。

　　仔細觀察龍柏的枝條，可以發現它的葉子有兩種形狀，大多數是鱗片狀葉，相對密生，濃綠色；少部分是針狀葉，對生或3枚輪生，顏色較淡。多生長在陽光不易照射到的陰暗處。

　　龍柏屬於喜溫暖、耐高溫的樹種，宜栽植於日照充足、排水良好處。

結實纍纍

毬果藍綠色，熟時不開裂。

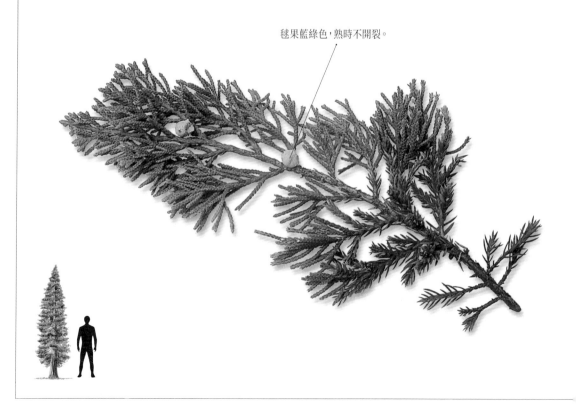

高度3公尺	樹形　錐形	葉持久性　常綠	葉型

特徵 常綠小喬木，樹形呈尖塔狀，小枝略帶螺旋性，葉幾乎全為鱗片狀，相對密生，少數為針狀葉。雌雄異株，雄花序卵圓形或長橢圓形，生於枝條頂端，雌花之珠鱗與苞鱗合生。毬果藍綠色，肉質，略被白粉，熟時不開裂。

用途 常成列種植，作為綠籬；或為公園、學校和道路之景觀樹種。

分布 分布於日本、中國大陸。台灣全島平地多有栽植。

俗名 繞龍柏、日本柏

推薦觀賞路段

北：台北市陽明山公園、格致路二段，桃園市中壢區環中東路。

中：台中市中山高速公路泰安休息站、中投快速道路。

南：高雄市文化中心、先鋒路、實踐路，原高雄市政府前廣場、澄清湖、美濃民族路。

鱗片狀葉

針狀葉

修剪呈尖塔形的樹姿

台灣大學校園的龍柏與大王椰子

生態現象

以龍柏為食物的昆蟲並不多見，有紀錄者如薊馬類、介殼蟲類和雙條杉天牛。雙條杉天牛是一種甲蟲，交配過後的雌天牛會選擇樹勢較弱的龍柏，用其銳利的口器將樹皮咬破，產卵於樹幹中。幼蟲以龍柏的樹幹為食，待成長後化蛹、羽化。

羅漢松科 Podocarpaceae	*Nageia nagi* (Thunb.) O. Ktze.	原產地 台灣、中國東南、日本

竹柏 Nagi Podocarp, Japanese Podocarp 原生種

竹柏葉似竹，莖像柏，故名。因其四季常青，又被稱為百日青樹，而其材質似杉木，亦有山杉之別稱。竹柏樹幹挺直、樹冠濃蔭，油綠厚實的樹葉配上墨黑色的樹幹，頗有古樸之感。樹形挺拔多姿，是極佳的觀賞性植物，對環境的適應幅度很廣，於低至中海拔皆可生長良好。民間傳說在廟門前或家門前栽植竹柏可以辟邪，因此廣為人們喜愛。南洋杉科植物中的貝殼杉，其葉形和竹柏相似，但竹柏的葉片揉碎後有類似番石榴氣味，可作為辨識的特徵。

竹柏幼株極耐陰，是木本植物中難得可以盆栽栽植於室內的樹種。初吐新芽的小樹，捲曲的身軀背著圓滾滾的種皮，一副討喜的吉祥模樣，是目前花木藝品店中的搶手貨。

廟門口的竹柏行道樹

著果枝條

高度10公尺	樹形　圓錐形	葉持久性　常綠	葉型

特徵 常綠喬木，雌雄異株。單葉對生，橢圓至卵圓披針形，無中脈，平行脈不明顯，全緣，表面光滑。雄花圓柱形，長1至2公分，1至6簇生於總梗上，雌花球長0.7至1公分。果實核果狀，成熟深紫色，球形；種托不明顯。

用途 竹柏播種後易發芽，可供為室內觀賞小苗，成株為優良庭園觀賞樹種。木材為建築、工藝、器具良材，因材質富彈性，也為製作扁擔的良材。

分布 中國大陸東南、日本、琉球；台灣原生分布於北部中低海拔山區、恒春半島等地，目前廣泛栽植於全省平地。

俗名 山杉、百日青樹

推薦觀賞路段

北：台北市台北植物園以及木新路三段。

南：嘉義市嘉義樹木園，屏東縣內埔鄉鹽埔國中。

葉片無中脈

雄花序

果實球形綠色，覆白粉。

生態現象

竹柏屬羅漢松科，一般會危害羅漢松類植物的昆蟲也會以竹柏為食物，如羅漢松蚜和黃帶枝尺蛾、台灣擬夜蛾等蛾類幼蟲，都會啃食其嫩葉。黃帶枝尺蛾是一種很漂亮的畫行蛾類，寶藍色的身軀和翅膀在陽光下閃耀著光芒，翅膀上橘紅色帶狀花紋更顯華麗，常被誤認為是蝴蝶。

南洋杉科 Araucariaceae	*Araucaria cunninghamii* D. Don	原產地　澳洲及新幾內亞

肯氏南洋杉 Hook Pine, Moreton Bay Pine, Colonial Pine

　　肯氏南洋杉原產於澳洲及新幾內亞的熱帶雨林中，1901年引入台灣，樹性強健、樹姿雄偉，是極受國人喜愛的庭園造景植物，少數地區供作行道樹栽植。

　　肯氏南洋杉樹幹通直，植株相當高大，可高達30公尺以上，是行道樹中的大個子。枝條分層輪生，上部枝條向上斜舉，下方枝條水平展開，樹形雄偉整齊。葉鑿形密生，堅銳刺手。樹幹具有金屬光澤，且隨著樹木的年齡增長，幹徑增大後，會有環狀脫皮的現象，樹幹有時會流出膠狀樹脂，樹脂凝固成半透明鐘乳石狀。

　　肯氏南洋杉是雌雄異株的樹種，春天結黃綠色毬果，毬果卵圓形呈蜂巢狀，種子有翅。不過由於樹姿高大，毬果又常長於樹梢頂端，因此觀察或採種都相當不易。

樹皮金褐色

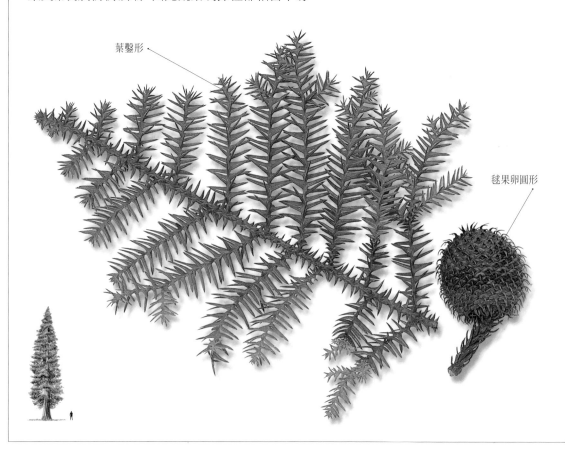

葉鑿形

毬果卵圓形

高度20公尺	樹形　層塔形	葉持久性　常綠	葉型

特徵 常綠大喬木，樹皮金褐色，側枝輪生於主幹上，向上斜舉，小側枝多分歧。成熟葉鑿形，堅硬而刺手。雌雄異株，雄花、雌花均頂生。毬果，卵圓形，褐綠色，成熟時苞鱗斷落以散布種子，種子具膜狀翅。

用途 木質具芳香，節瘤堅硬而紋理粗獷，為建造小木屋的良材，亦為造紙原料。為庭園美化樹種，也是優良的行道樹與防風林樹種。

分布 原產澳洲及新幾內亞，目前廣泛栽植於全台平地。

俗名 花旗杉

推薦觀賞路段

嘉義樹木園中的兩棵巨大肯氏南洋杉，即是最早引進的母株。

北：台北市台北植物園、北二高新店交流道。

中：中山高速公路泰安休息站。

南：嘉義市嘉義樹木園，高雄市左營區中正路、林業試驗所六龜分所，屏東縣恆春熱帶植物園。

東：台東縣知本森林遊樂區。

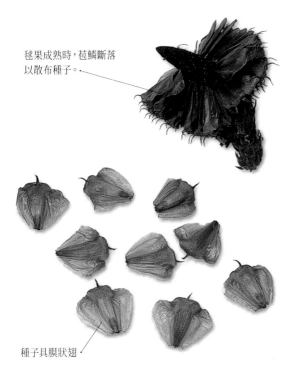

毬果成熟時，苞鱗斷落以散布種子。

種子具膜狀翅

肯氏南洋杉的樹姿挺拔，側枝輪生。

生態現象

肯氏南洋杉因為樹幹筆直挺拔，是軍營中喜歡栽植的樹種。營區中干擾較少，許多鳥類喜歡在肯氏南洋杉的枝條上築巢，如喜鵲與紅鳩。喜鵲通常選擇在高聳的樹上築巢以遠避敵害。秋冬時，喜鵲在肯氏南洋杉高處的枝條上產下鳥蛋；春天時，大樹邊的草地上常可以看到羽翼未豐的小喜鵲在練習飛翔，黑白相間的羽色在綠草地上格外醒目。

闊葉樹

被子植物是種子植物中較為進化的一群，依各種特徵不同，而分為雙子葉植物與單子葉植物。相較於裸子植物細長的葉形，雙子葉植物的葉片較寬闊而被稱為闊葉樹。

全世界現存的被子植物約有416科13000屬300000種，台灣原生者約有2400種，本書所收的有95種，39種原生和56種引進種。雙子葉植物的花朵通常較裸子植物與棕櫚科植物大型且艷麗，為方便讀者快速索引，本書依照花的顏色進行編排。

木蘭科 Magnoliaceae	*Michelia* × *alba* DC.	原產地　爪哇、中國廣東、雲南、喜馬拉雅山、印度

玉蘭花 White champak, White Michelia, White orchid tree

玉蘭因色如玉，香似蘭而得名。隆冬未盡，嚴寒尚在，北國正千里冰封，滿樹「銀花」之時，而雲南的玉蘭花不待新葉吐綠便搶先綻放了。待花落盡，短圓形的葉子才從花蒂中慢慢抽生而出。在日照之下，那嫩綠的葉片，宛如一片片半透明的翡翠碧玉，鮮翠欲滴。

蓇葖果木質，假種皮橙紅色。

單花腋生

| 高度20公尺 | 樹形　不規則形 | 葉持久性　常綠 | 葉型 |

特徵 常綠中喬木，株高可達20公尺，小枝淺綠色，密披絨毛。葉橢圓狀披針形或長橢圓形，先端漸尖，長16-30公分，質厚具光澤。花單生於葉脈，花蕾披有綠色的苞片，苞片在開花時脫落，具花梗，梗上有毛，花瓣8片披針形，肉質，有強烈香氣。果實肉質，具有2顆或較多的種子，背面裂開，花期在4～7月間。

用途 庭園樹、香料、胸花、頭飾

分布 爪哇、中國中南部、喜馬拉雅山、印度

俗名 木筆花、銀厚朴、玉蘭、白緬花、白蘭花

推薦觀賞路段

中部：自然科學博物館、台中都會公園
南部：高雄都會公園、豐原市東陽里
東部：花蓮新城、台東森林公園

葉片為單葉，葉柄基部膨大。

本種為高大的喬木，葉片大型，具環形托葉痕。

花苞為2枚苞片包覆，初綻放時即脫落。

花大而芬芳，常有人採摘販售。

生態現象
葉片是青斑鳳蝶、青帶鳳蝶、寬青帶鳳蝶及綠斑鳳蝶等幼蟲的食草。

| 木蘭科 Magnoliaceae | *Michelia formosana* (Kaneh.) Masam. Et Suzuk. | 原產地　台灣 |

烏心石 Formosan Michelia 特有種

　　烏心石是台灣中低海拔闊葉林的原生樹種，邊材淡黃色，心材剛砍伐時為紅褐色，後轉為黃褐色，以材質堅硬具特殊光澤而得名，屬於省產的闊葉樹一級木。在過去農業社會對木材需求量較大的時代，烏心石因材質佳，被人們視為建築、農具的良材，但較少栽植為行道樹。近年來，台灣烏心石的木材使用量雖減少，但因為推廣原生樹種的綠化，烏心石以優美的樹形與別致的花果仍備受寵愛。

　　烏心石和玉蘭花、含笑花同屬木蘭科植物，這類植物具有下列共同特色：幼芽被大托葉包住，幼嫩部分具茶褐色絹毛，枝條上可以看到環狀的托葉遺痕。烏心石的花像是縮小的玉蘭花，飄送著淡淡清香。果實球形，密生在枝條上，成熟時開裂，露出橘紅色亮麗光滑的種子。

　　烏心石廣泛分布全島，老一輩的台灣人對它都有濃郁的感情，許多人的家中那塊用了數十年的老砧板，材質多半是烏心石。

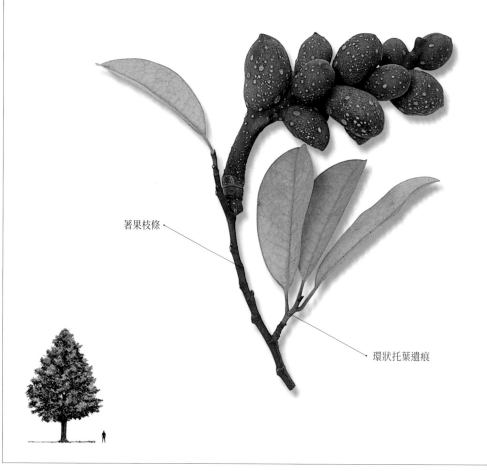

著果枝條

環狀托葉遺痕

高度15公尺	樹形　橢圓形	葉持久性　常綠	葉型

特徵 常綠喬木，全株幼嫩，部分具茶褐色絹毛，小枝具環狀托葉遺痕。葉互生，長7至10公分，狹披針形或長橢圓形，兩端鈍，全緣，波浪狀。花腋生，萼片花瓣各6片，花瓣白色，雄蕊多數，覆瓦狀排列。蓇葖果球形，群生於果軸上，鏽褐色，具斑點，內含種子2至4粒，種子扁狀闊卵形。

用途 木肌細緻，材質堅硬強韌，紋理優美少龜裂，為貴重建築及家具用材，也作為樂器、雕刻用材或砧板使用，植株可供栽植為庭園觀賞樹種及行道樹。

分布 分布於台灣海拔200至2200公尺間之山地，普遍栽植為造林樹種，少數為行道樹。

蓇葖果球形，具斑點。

全緣，波浪狀，狹披針形或長橢圓形。

推薦觀賞路段

北：台北市台北植物園、台灣大學校園。

中：台中市的山西路三段、崇德九路、崇德十路、昌平路二段。

南：嘉義市嘉義樹木園、屏東縣沿山公路、恆春熱帶植物園。

東：宜蘭縣台9線宜蘭縣政府前路段，花蓮縣壽豐鄉中山路，台東縣知本森林遊樂區。

宜蘭圓山鄉的烏心石行道樹

花似含笑，較狹長，具淡淡清香。

生態現象

烏心石普遍生長在台灣中、低海拔山地，數量不少，耐人尋味的是台灣有兩種昆蟲以這種樹木為食，但這兩種昆蟲的數量卻十分稀少且分布相當局限。紫艷白星大天牛僅分布在埔里附近，以烏心石等木蘭科植物為食，形似常見的星天牛，但較為大型，可達6公分長；其身紫黑色的金屬光澤上散布著白色斑紋，陽光下閃耀著紫光，令人炫目。綠斑鳳蝶是另一種形態優美，數量稀少的昆蟲，其黑色翅膀上鑲著黃綠色斑紋，只在埔里、台南、恆春等地曾有零星發現的紀錄。

薔薇科 Rosaceae	*Prunus Mume* (Sieb.) Sieb. et Zucc.	原產地　中國大陸

梅 Flowing Apricot

台灣不產梅，明朝末年由中國大陸引進。中國大陸栽植梅樹的歷史已有三千年以上，《詩經》中就常談到這個樹種。一般的梅花是單瓣、白色的花朵，也有紅、粉紅或重瓣的品種，大致可分為觀賞用「花梅」和採果用「果梅」兩大類。經過歷代園藝家的努力，目前培育出的梅花品種有300種以上。

梅樹秋冬落葉，樹姿優雅，枝幹蒼古，花白雅潔，氣味清香，為文人雅士所欣賞。古人賞梅「貴稀不貴繁，貴老不貴嫩，貴瘦不貴肥，貴合不貴開」。畫梅時，則著重它「老乾如鐵、枝柯虯曲」的神態，並欣賞它「花朵不畏嚴寒報春而開」和「耐寒喜潔」的性格。梅樹壽命長，有達七百年者，愈老觀賞價值愈高，故又有「老梅花，少牡丹」之說。

先開花後長葉的梅枝

梅樹適合生長在陽光充足、空氣淨潔的環境，且必須經過低溫的天氣才能開花，因此平地的行道樹少以梅樹栽植，想看它蒼勁的樹姿，聞那撲鼻的芳香，不妨冬天時到郊區的山上走走。

陽明山是北部賞梅勝地

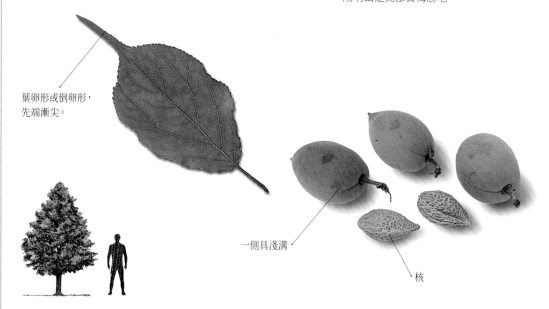

葉卵形或倒卵形，
先端漸尖。

一側具淺溝

核

高度3公尺	樹形　不規則形	葉持久性　落葉	葉型

特徵 落葉喬木。單葉互生，卵形或倒卵形，細鋸齒緣，先端漸尖，基部鈍。花單立或雙出，有時3朵叢生，萼倒圓錐形，先端5裂，裂片卵形，外側暗紅色，內側黃綠色，花瓣5片，圓形，雄蕊多數與花瓣著生花之周緣，雌蕊1枚，被絨毛。核果球形，一側具淺溝，果核有凹點。

用途 多栽植供庭園造景，亦宜植為盆景，花枝供插花。根、葉、花、果皆可入藥，可止渴、生津、驅蟲等。梅果可醃漬加工成烏梅、白梅、化梅等各種零嘴，亦可釀酒或作醋。

分布 原種產於中國大陸，1661年引進台灣。目前中、南部山區大片栽培果梅，許多風景區及山區栽植的梅花則以觀賞為主。

俗名 梅仔、白梅、青梅

推薦觀賞路段

梅花是中國傳說中1月的代表花，花神有北宋詩人林逋、宋武帝年間的壽陽公主及明代戲曲牡丹亭中的柳夢梅等三種說法。

梅花是我國國花，由於它經常三蕾齊開，並有五枚花瓣，象徵三民主義與五權憲法。

北：台北市陽明山國家公園、台北植物園，桃園市虎頭山公園。

中：台中市東勢林場，南投縣信義鄉風櫃斗。

南：嘉義縣梅山、阿里山森林遊樂區，高雄市甲仙錫安山。

東：花蓮縣天祥梅園，宜蘭縣武陵農場。

葉細鋸齒

生態現象

細雨紛飛的4、5月間是梅子成熟的季節，因此稱為梅雨季。天氣乍暖還寒，提早感覺到春天來臨的蝴蝶破蛹而出。山中野徑，沒人採收的梅子掉落一地，經春雨浸泡後發出誘人的發酵味，陽光再次露臉時，便吸引蛇目蝶類到來，蛇目蝶以發酵後的果實為食。

| 豆科 Fabaceae | *Albizia lebbeck* (L.) Benth. | 原產地　熱帶亞洲、澳洲 |

大葉合歡 Lebbeck Tree

　　大葉合歡在分類上與產自中國大陸的合歡同屬和合歡一樣晚上葉子也會閉合，但小葉較合歡大型。

　　大葉合歡和許多豆科植物一樣，葉片是由密密麻麻小葉所組成的羽狀複葉。它屬於二回偶數羽狀複葉，總葉柄上有一枚像小酒杯形狀的腺體；小葉對生，葉基歪斜如刀。春天時，葉腋會冒出2、3個如指腹大小的花苞，模樣像帶著長柄的小綠球。幾天之後，小綠球會慢慢蓬鬆，迸出淡黃色的頭狀花，飄送著淡淡芳香。花後，結出扁平而薄的豆莢，莢果邊緣皺皺的，懸掛在枝頭上隨風搖曳。

　　大葉合歡性喜高溫，適合在日照充足的環境下生長，因為對各種土壤適應性佳，繁殖容易、生長快速，且具有耐旱、耐瘠、抗風等優點，引進後就被廣泛栽植於全省各地。不過它的豆莢和種子有毒，誤食後會有腹部疼痛的症狀。

著果枝條

大葉合歡於夏季開花

莢果闊扁平狀

小葉對生

二回羽狀複葉

小羽片對生，基部膨大。

高度5公尺	樹形　圓形	葉持久性　落葉	葉型

特徵 落葉喬木，淺灰色樹幹。葉互生，二回羽狀複葉，總葉柄近
基部處有一杯形腺體，羽片2至10對，小葉5至10對小羽片、
小葉對生，小葉刀形或不等邊橢圓形，先端鈍或圓，具一毛
狀尖突，基歪斜。頭狀花序腋出，2至3枚簇生，芳香，萼管
狀，花冠淡黃色，5裂，雄蕊多數。莢果闊扁平狀。

用途 主要栽植為行道樹、園景樹供觀賞。木材暗褐色，堅硬且
重，可供建築建材或製作家具、農具、火柴棒、木屐等用
途。樹皮及種子用於治痔疾，花可治腫毒。

分布 熱帶亞洲、澳洲。台灣各地普遍栽植。

俗名 闊莢合歡、印度合歡、大合歡、白夜合、緬甸合歡、黃豆樹

推薦觀賞路段

原產緬甸等熱帶地區，於
1896年引入台灣，以南部地
區較為常見。

北：台北市的台北植物園、杭
　　州南路、貴陽街。

南：高雄市壽山動物園停車
　　場、四維香花公園、愛河
　　綠地，高雄市澄清湖。

花苞

頭狀花序淡黃色

生態現象

許多豆科植物為了要調節植物體內的水分，會有葉片摺合現象，就像含羞草被觸動時，小葉片向上摺合的樣
子。這是因為這類植物具有葉枕，會受到光線強度的刺激而誘發細胞內水分移動；葉枕內外兩側細胞水分含
量不均，就會形成膨壓，使得小葉片摺合或開展。通常在夜晚光線較弱時，葉片會向上摺合，大葉合歡就具
有這種特性。

豆科 Fabaceae	*Pithecellobium dulce* (Roxb.) Benth	原產地　墨西哥、熱帶美洲、熱帶亞洲

金龜樹 Manila Tamarind, Madras-thorn

　　金龜樹是屬於含羞草科的常綠喬木，主要產於美洲地區，在台灣多栽培成綠籬或作為海邊沙地造林使用。金龜樹的葉子非常特殊，因為它的複葉是由兩兩成對的小葉組成，每4個葉片組成一片複葉，枝上有一對棘針新芽，嫩芽是紅色，幹上有明顯的橫紋，所以很好辨識。

　　由於金龜樹的樹形優美，而且具有非常強的生長能力，是台灣常見的行道樹之一，終年綠蔭濃密，樹形奇特，樹幹彎彎曲曲的，而且有很多的節瘤，節上有小刺。春夏時節，兩對翅膀似的羽狀複葉輕盈地隨風漫舞，再伴著那綠白色的小花，煞是美麗。

樹幹彎曲多節瘤

莢果螺旋狀扭曲

4個葉片組成一片複葉

種子黑色

高度8～15公尺	樹形　不規則形	葉持久性　常綠	葉型

特徵 常綠大喬木，樹幹彎曲多節瘤，節上有小刺，幹上有明顯的橫紋。枝灰白，皮孔密著，枝椏細長柔軟。葉為二回羽狀複葉，羽片一對，小葉也一對，腎形，質薄，葉基有托葉變之棘針一對。3至6月開花，花色淡白綠，不甚明顯，頭狀花序呈圓錐狀排列，雄蕊單體，突出。莢果螺旋狀扭曲，成熟扭曲裂開，種子黑色。

用途 金龜樹抗污染，是公園、校園或行道樹常見的樹種，在台灣多栽培作綠籬，亦是良好的綠蔭樹種。耐鹽耐風，適海岸造林，可做海岸定砂用。樹皮可提製黃色染料。木材可製農具、車具等。

分布 墨西哥、熱帶地區；台灣各地大小公園普遍栽植，以中南部生育較旺盛。

俗名 羊公豆、牛蹄豆、甜肉圍涎樹

推薦觀賞路段

北：台北市的雙園街、大安森林公園、景美國民小學，植物園。

中：台中市中興大學，新竹市區。

南：高雄市旗津一路、高雄都會公園，台南市善化糖廠，台南市開山路，烏山頭水庫。

東：東部各大專院校及公園。

台南市開山路的金龜樹行道樹

樹幹上有節瘤

生態現象

每年春夏金龜樹開花時期，會散發出一種特別的香味，引來一群群可愛的金龜子前來覓食，這或許是樹名的由來吧！不過也有人覺得是因為其二大二小的特殊複葉組合，遠看時像是一隻展翅飛舞的綠色小金龜而得名。

杜英科 Elaeocarpaceae	*Elaeocarpus sylvestris* (Lour.) Poir.	原產地　中國南方、日本、琉球、台灣

杜英 Common Elaeocarpus 原生種

　　杜英是台灣低山帶的常見樹種，也是葉片會變色的植物。杜英科植物不像一般變色植物，於秋冬時節滿樹葉片同時變紅，並在短時間內一起落盡；杜英的紅葉在任何季節都能看到，我們在山區若發現綠樹上間夾著幾片紅色老葉的樹種，常是杜英科家族的一員。

　　春夏之交，杜英黃白色的小花繁密地從葉片背後竄出，花瓣先端像是被剪刀修剪過似的，有著蕾絲般的絲狀細裂。橢圓形的核果在秋天成熟，如縮小的橄欖，是上天賜給松鼠和鳥類的美食。

　　杜英屬台灣原生樹種，生長速度快，材質佳，適應性強，病蟲害少，且是相當優良的蜜源植物或誘鳥樹種。可惜目前尚未廣泛栽植為行道樹種，值得多加推廣。

台北市芝山公園旁的杜英行道樹

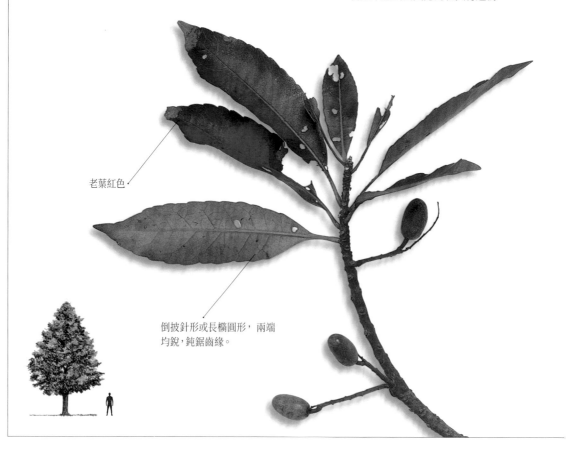

老葉紅色

倒披針形或長橢圓形，兩端均銳，鈍鋸齒緣。

高度8公尺	樹形　傘形	葉持久性　落葉	葉型 

特徵 常綠喬木。葉有柄，紙質，互生而叢集枝端，倒披針形或長橢圓形，兩端均銳，鈍鋸齒緣。總狀花序腋出，花萼5片，花瓣5片，倒三角形，上半部成絲狀細裂，雄蕊多數。核果橢圓形，種子堅硬，具溝紋。

用途 庭院觀賞和環境綠化的優良樹種，開花、結果茂盛，亦可栽植為蜜源植物或誘鳥樹種。木材堅硬有光澤，可製造小型器具，也是培養香菇的優良段木。果肉醃漬後可食用。

分布 中國大陸南方、日本、琉球、台灣全島海拔200至1700公尺之森林內。

俗名 杜鶯、牛屎柯

推薦觀賞路段

北：台北市台灣大學、至誠路、大湖公園、陽明山公園，宜蘭縣福山植物園。

中：台中市五權西二街。

南：高雄市大中路。

杜英的花朵在春夏之交盛開

核果橢圓形

種子

花瓣上半部成絲狀細裂

生態現象

杜英花朵盛開時，常吸引整樹的昆蟲，如蜜蜂、長腳蜂、蝴蝶、叩頭蟲、金花蟲、菊虎、金龜子等匆忙地在花叢間穿梭。背甲上黑黃斑紋相間的黃肩長腳花金龜，是其中最亮眼的角色之一，趕著在烈陽高照前飽食一餐。

杜英科 Elaeocarpaceae	*Elaeocarpus serratus*. L.	原產地　錫蘭

錫蘭橄欖 Ceylon-olive

　　錫蘭橄欖並不是真正的橄欖，因為原產錫蘭，果實外形像橄欖而得名。和許多杜英科的植物一樣，錫蘭橄欖的葉柄很長，且兩端膨大成骨頭般的形狀；其長橢圓形的革質葉片油油亮亮，落下前會變紅，在車水馬龍的街頭，紅豔的老葉相當醒目。

　　夏天時，錫蘭橄欖葉腋中長出一串串雪白的花朵，花瓣的先端像杜英一樣為剪裂的絲狀。果實在冬天成熟，大型的核果結實纍纍，別看它一副秀色可餐的模樣，其實果肉味道酸澀，需經過醃漬才能食用。

　　錫蘭橄欖雖非原生樹種，但自1901年引進後，在台灣適應良好。葉片濃密，樹冠發育佳，是很好的遮蔭樹種。它可觀葉、可賞果，深受人們喜愛。許多校園、停車場或道路旁常可看到它的身影。

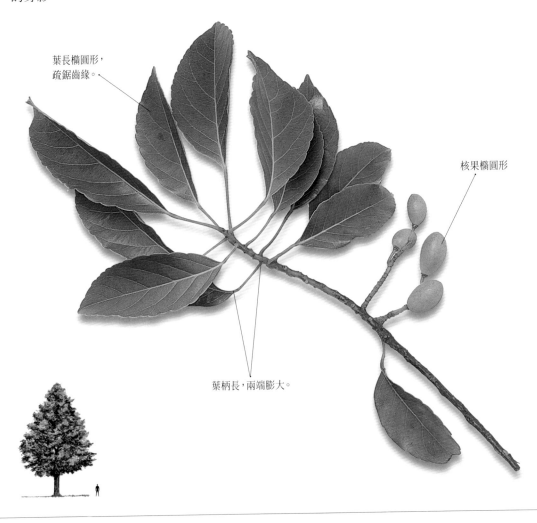

葉長橢圓形，
疏鋸齒緣。

核果橢圓形

葉柄長，兩端膨大。

高度10～15公尺	樹形　圓形	葉持久性　落葉	葉型

特徵 常綠中喬木，具白色乳汁。單葉互生，長橢圓形，革質，疏鋸齒緣，表面濃綠色，兩面均光滑，葉柄長，兩端膨大。總狀花序腋出，花瓣白色。核果橢圓形，成熟暗綠色。

用途 生長勢盛、樹形優美，適合當行道樹及庭園樹種。果肉生食味道酸澀，常鹽漬、糖製或乾製，也可製成果汁或果醬。種仁富含油分，可製潤滑油。

分布 原產錫蘭，全台普遍栽植。

俗名 鋸葉杜英

> **推薦觀賞路段**
>
> 北：台北市台灣大學校園。
> 中：中山高速公路泰安休息站。
> 南：嘉義市林森東路、嘉義樹木園，高雄澄清湖、旗尾糖廠、雙溪熱帶母樹園、鳳山熱帶園藝試驗所，高雄市后安路，屏東縣沿山公路。

屏東科技大學校園內之錫蘭橄

花瓣白色，先端剪裂絲狀。

錫蘭橄欖在台灣適應良好，葉片濃密，樹冠發育佳。

生態現象

錫蘭橄欖夏天時盛開著雪白色小花，茂密的花序常招來許多主要授粉媒介——蜜蜂。果實在冬天成熟，大型的核果不但人們喜歡，也吸引了松鼠和鳥類等許多小動物取食。

梧桐科 Sterculiaceae	*Pterospermum acerifolium* Will.	原產地　熱帶亞洲

槭葉翅子木 Maple-leaved Pterospermum

槭葉翅子木因為葉形似槭樹，種子一端具膜翅而得名。在台灣雖不常見，但由於其葉、花、果都相當大型醒目，令人過目難忘。

槭葉翅子木樹幹灰黑色，全株布滿黃褐色的星狀毛。碩大的盾形葉有著不規則淺裂，白色的葉背在陽光下格外耀眼。花朵在夏季盛開，金黃色的花萼包裹著白色的花瓣，像是剝開皮的小香蕉，隨風飄散著淡淡清香。秋天，黃棕色的大型木質蒴果掛滿枝頭，成熟後的果實開裂，種子隨風散布。

槭葉翅子木於1910年引進，在台灣各地生長狀況都相當好，許多路段已長成高聳的大樹，飄落的種子也常見發芽更新，亮眼豪邁的身形為台灣的街道增添了些許熱帶的色彩。

台北市士東路的槭葉翅子木行道樹

葉柄盾狀著生

葉背白色

高度10公尺	樹形　圓形	葉持久性　常綠	葉型

特徵 常綠喬木，全株具星狀毛，樹幹灰黑色。葉革質，圓形或長橢圓形，粗鋸齒緣或不整齊淺裂，掌狀脈，葉背白，葉柄盾狀著生。花大，白色，有香味，萼線狀針形，兩面均有金黃色毛。蒴果木質，表面被棕色茸毛，內有多數種子，種子具端翅。

用途 主供觀賞，栽植為行道樹或園景樹。木材可製作木屐或各種器具。

分布 原產印度、南洋等熱帶亞洲地區，目前全台各地零星栽植。

俗名 翅子木、翅子樹、白桐

推薦觀賞路段

北：台北市捷運淡水線劍潭站、環河北路、士東路。

南：嘉義市嘉義樹木園，高雄市和平一路、復興三路。

著果枝條

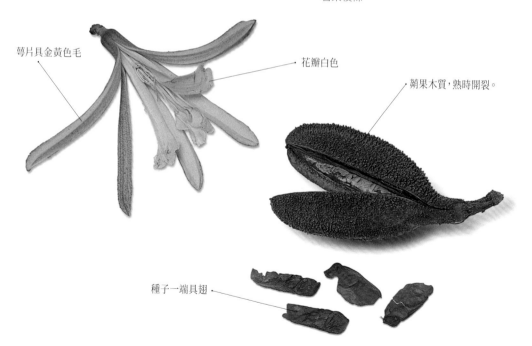

萼片具金黃色毛

花瓣白色

蒴果木質，熟時開裂。

種子一端具翅

生態現象

植物藉著各種方式將自己的基因散布出去，從其果實和種子的特殊構造可見一斑。風力是許多植物所選擇的傳播動力，槭葉翅子木的種子一端有膜翅，便是借著風力繁衍子嗣，讓種子飄到遠方發芽生長。

| 梧桐科 Sterculiaceae | *Heritiera littoralis* Dryand. | 原產地　泛熱帶分布 |

銀葉樹 Looking Glass Tree 原生種

乍看之下，銀葉樹的葉片和其他樹木差別並不大，全緣的厚革質葉，表面深綠色；但當風吹動樹梢，在陽光下閃耀著銀白色的葉背，就可以了解它名稱的由來。

春天時，銀葉樹的枝條上竄出密密麻麻的灰綠色小花並不特別亮眼，但有其特殊之處。銀葉樹是雌雄同株但異花的樹，花瓣已經退化，鐘形的小花先端開裂成4至5片的構造，其實是它的花萼。仔細觀察便可以看出雄花和雌花的區別。

初秋，銀葉樹的雌花部分凋落，另一部分長成橢圓形的果實。果實形狀像欖仁樹果，但較為豐滿，色澤較淡，也具有龍骨狀突起，內有很厚的木栓狀纖維層，可漂浮在海上，也是典型的海漂植物。

銀葉樹是台灣海岸地區原生植物。近年來，環境綠化強調使用本土樹種，銀葉樹因耐鹽、抗旱，且形態特殊而廣受喜愛，在許多海岸附近的公路就可以欣賞到其迷人的風采。

銀葉樹於春天長出紅色的新葉

圓錐花序

高度10公尺	樹形　橢圓形	葉持久性　常綠	葉型

特徵 常綠喬木，常具板根。葉具兩端膨大的葉柄，革質，長橢圓形，先端銳或鈍，基部圓，全緣，背面密被銀白色鱗片且散生褐色鱗片，長16至26公分，寬5至10公分，托葉小，早落。圓錐花序，花單性，無花瓣，萼鐘形，4至5裂。堅果長橢圓形，木質，長3至5公分，具龍骨狀突起。

用途 植株優美，耐鹽、抗旱，在沿海地區栽植可防風、定砂，並作為海岸地區行道樹種。木材堅硬耐久，是建築、家具、造船的好材料。

分布 原產熱帶亞洲、太平洋諸島等地；台灣產於海岸地區，如宜蘭、基隆、恆春半島、蘭嶼等地。

俗名 大白葉仔

推薦觀賞路段

北：台北市台北植物園，新北市關渡水鳥公園。

南：高雄市鼓山區九如四路，屏東縣恆春熱帶植物園。

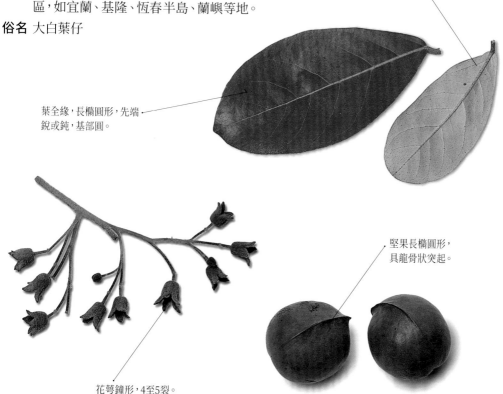

葉背銀白色

葉全緣，長橢圓形，先端銳或鈍，基部圓。

堅果長橢圓形，具龍骨狀突起。

花萼鐘形，4至5裂。

生態現象

銀葉樹是典型的熱帶海岸樹種。熱帶地區雨量多，土壤沖刷嚴重且地下水位高，根部無法深入土壤深層。銀葉樹為了適應這種環境，發展出一種特殊的構造：它的根部成扁平狀水平擴展，用以支撐植物體，並增加根部可供氣體交換的面積。

木棉科 Bombacaceae	*Adansonia digitata* L.	原產地　非洲

猢猻木 Baobab Tree, Monkey Bread Tree, Dead-rat Tree

　　猢猻木原產於非洲，是世界上最粗大的樹木，樹幹直徑達10公尺以上，樹齡更可逾數千年之久。非洲的原住民會利用猢猻木樹幹的空腔，作為居住、倉庫、飼養牲口或監禁犯人使用，可見其樹體有多麼地巨大。

　　猢猻木為落葉大喬木，樹幹基部肥大，往上生長則逐漸縮小，枝條集中在枝幹頂端。冬天時，葉片落盡，細短的枝條向空中伸展，遠望似樹木的根系，肯亞地區的居民稱它是「倒著長的樹」，並認為是魔鬼所創造的生物。

　　猢猻木在夏天夜間開花，花朵白色，直徑15公分以上，花朵大型而美麗，但每朵花只能維持24小時。花後，子房結成橢圓形的木質蒴果，長長的果梗上懸掛著覆蓋灰綠色絨毛的果實，遠望會誤以為有人將死老鼠倒掛在枝條上，因此也被稱為「死老鼠樹」。

　　猢猻木引進台灣的時間並不長，只有在部分地區零星栽植，但是看過這種樹的人常會對它雄偉的樹姿留下深刻的印象，因為它生長迅速，只需短短數年，樹幹直徑便可達數公尺以上。

台北市大度路的猢猻木行道樹

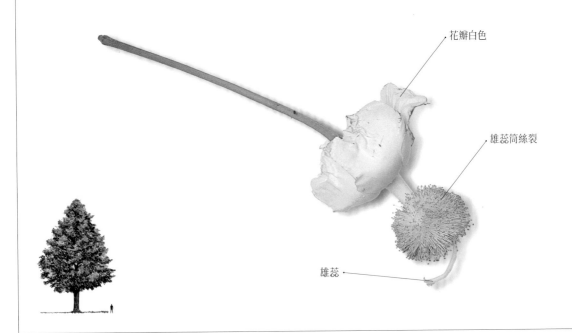

花瓣白色

雄蕊筒絲裂

雄蕊

高度20公尺	樹形　層塔形	葉持久性　落葉	葉型

特徵 落葉喬木，枝幹深褐色。掌狀複葉，小葉3至7枚，長橢圓形，先端銳尖，革質，全緣。花大型，單出腋生，小苞2枚，萼5裂，花瓣5枚，白色，雄蕊筒絲裂。蒴果木質，橢圓形，約20公分長，不開裂，內果皮肉質，含種子多數。

用途 葉片，花朵和樹枝可作為草食動物的飼料，嫩葉富含維他命C和糖分，為理想的綠色蔬菜。樹皮纖維可以用來編織網子、繩子或粗布袋等物品。果漿可混合水或牛奶製成提神飲料。種子可焙製成咖啡的代用品。植株形態壯麗，為世界知名的庭園觀賞樹種，亦可作行道樹栽植。

分布 原產非洲，台灣各地零星栽植。

俗名 猴麵包樹、猴樹、倒著長的樹、死老鼠樹

推薦觀賞路段

原產熱帶非洲，1968-1970年間引進台灣。

北：台北市大度路、環河北路、建國北路、捷運淡水線北投站。

南：高雄市大埤路、四維香花公園、中正公園、金獅湖公園、壽山動物園、蓮池潭公園。

大型而下懸的花朵

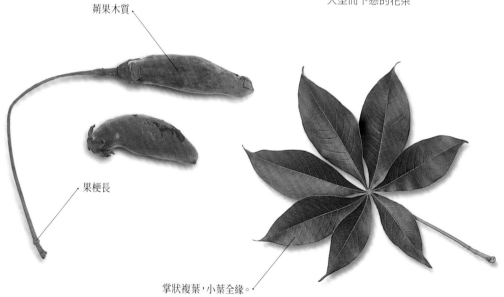

蒴果木質

果梗長

掌狀複葉，小葉全緣。

生態現象

猢猻木在夏天夜間開花，大型白色花朵散發著淡淡的香味，吸引夜行性動物授粉；在原產地非洲，蝙蝠就是其主要的授粉者。據說非洲有一些猢猻木的樹幹中空，吸引蝙蝠居住其中，如此一來，這些房客就很自然地成為猢猻木授粉的重要媒介。

| 木棉科 Bombacaceae | *Ceiba pentandra* (L.) Gaertn. | 原產地　亞洲、非洲、美洲熱帶地區 |

吉貝 Silk Cotton Tree

　　木棉科的吉貝，外型上與木棉、美人樹神似，在不是開花的時節，常教人難以區分，不過開花時卻各展風情，一眼就可以分辨出它們。吉貝的花期在秋、冬兩季，花朵較為小型，乳白色的花瓣中吐出絲絲雄蕊，模樣十分秀氣。除了以花色辨別之外，葉片也有不同之處，吉貝的葉片與木棉相較下較小，且多為全緣葉與美人樹的小葉有明顯鋸齒緣不同。

　　吉貝幼株樹皮青綠，多錐形棘刺。成株後樹皮灰褐色，棘刺會脫落。主幹挺直高聳，枝條輪生且向上開展，樹形高瘦具曲線，窈窕動人。秋冬時，北部的吉貝會落盡葉片，在南部者落葉現象則較不明顯。和許多熱帶樹種一樣，吉貝生長十分快速，種苗一年可以長到1公尺以上，適合庭園美化和行道樹栽植，但栽植地點需有較大的空間，才能讓它恣意地生長。

開花枝條

高雄市四維路上動人的吉貝樹街景

掌狀複葉，小葉披針形。

花瓣5枚，花白色。

高度20公尺	樹形　層塔形	葉持久性　落葉	葉型

特徵 落葉喬木，主幹挺直，幼樹幹有棘刺，老樹無刺。枝條
輪生。掌狀複葉，托葉絲狀，早落，小葉5至9枚，披針
形，兩端銳，全緣或近頂端有疏鋸齒。花白色，2至8朵
簇生葉腋，花瓣5枚，長橢圓形，先端鈍。蒴果橢圓形，
熟時5瓣開裂，內含多數密被棉毛之種子。

用途 樹姿挺拔，觀賞性佳，供庭園造景或行道樹。木材輕
軟，多製成木板使用。種子棉毛可供枕頭、坐墊、沙發
等填充材料使用。

分布 原產亞洲、非洲、美洲熱帶地區，全球熱帶普遍栽植。

俗名 吉貝木棉、吉貝棉、爪哇木棉

推薦觀賞路段

1904年由南洋引進台灣。屏東縣泰
武鄉武潭國小平和分校，有2,000
株以上年逾半百的吉貝木棉，棵棵
筆直高聳。

北：台北市辛亥路。

南：高雄市民生路、四維路、班超
　　路、高雄都會公園。

東：花蓮市北興路。

種子密被棉毛

蒴果橢圓形

吉貝老樹
常具板根

生態現象

台灣南部的吉貝樹上，常有紅鳩築巢在枝條上。吉貝挺直高聳，生活在樹上的鳥居高臨下，無懼於繁囂都市
的諸般危險，且有濃密的葉片保護，可以隱藏鳥巢的位置。冬天時，吉貝的樹葉凋落，全株光禿禿的，是觀
察這些鳥巢的最好時機。

| 木棉科 Bombacaceae | *Pachira macrocarpa* (Cham. Et. Schl.) Schl. Ex L. H. Bailey | 原產地　墨西哥 |

馬拉巴栗 Pachira-nut, Malabar-chestnut, Cayenne-nut

　　馬拉巴栗這個相當洋化的名字，是從該樹種的英文名稱直譯而來。名字雖不鄉土，卻是國內處處可見的植物，種在庭園裡可庇蔭、觀賞或採果；由於樹姿潔淨整齊、抗污染，也是良好的行道樹。它的耐陰性極佳，可作為室內的綠化植物。此外，它耐修剪且頗具可塑性，常常可見多棵種在一處，莖幹被編織成一叢麻花狀的盆栽；如果再綁上一些紅絲帶或金元寶，便成為逢年過節居家擺設的「發財樹」。因植栽的用途廣泛，且對各種環境的適應性佳，無論在城市或鄉村都不難發現它的蹤跡。

　　馬拉巴栗樹皮平滑，青綠如梧桐，掌狀葉，小葉放射狀開展。每年5、6月間是馬拉巴栗開花的時節，綠色花瓣包著一叢細絲狀淡紫色的雄蕊，清新高雅，淡吐芬芳。木質的蒴果有點像番石榴，但成熟後會開裂，裡面有數十顆白色種子，可以生食或炒來吃，味道像花生，所以也被稱為美國花生。

著果枝條

高度10公尺	樹形　層塔形	葉持久性　常綠	葉型

特徵 常綠喬木，樹皮綠色，光滑。側枝輪生。掌狀複葉，小葉5至7枚，長橢圓形或倒卵形，紙質。花腋生，萼杯狀，先端5淺裂，花瓣5枚，雄蕊多數。果實為木質的蒴果，長橢圓形，內含數十顆白色略帶淡褐色種子。

用途 植株可供庭園觀賞樹種。種子可食用。木材可供作木漿原料。

分布 原產中美洲墨西哥，台灣平地普遍栽植。

俗名 美國花生、大果木棉、發財樹

推薦觀賞路段

1931年由夏威夷引入台灣，在嘉義農業試驗所試種，台灣南部氣候環境與原生育地相似，約10年生即可結實。

北：台北市台北植物園。

中：台中市太原北路、梅川西路，中山高速公路泰安休息站，台14號省道草屯至埔里路段。

南：雲林縣雲154縣道西螺路段，嘉義市嘉義樹木園。

東：花蓮市民權路。

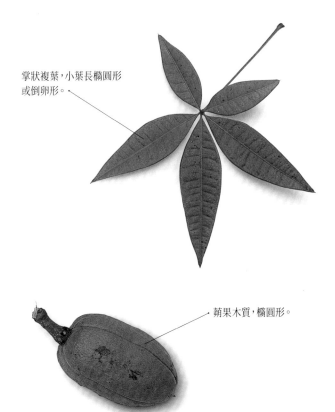

掌狀複葉，小葉長橢圓形或倒卵形。

蒴果木質，橢圓形。

馬拉巴栗的花朵清新高雅，於春天盛開。

生態現象

馬拉巴栗的果實在夏天成熟，果實內富含澱粉的種子是赤腹松鼠的最愛，松鼠會將果皮咬開，啃食內部的種子。有時候松鼠不小心失手，那麼掉落地面的種子，就會引來一大群的螞蟻合力將它搬回家。

茶科 Theaceae	*Ternstroemia gymnanthera* (Wighr *et* Arn.)	原產地　中國、東南亞、日本

厚皮香 Japanese Ternstroemia 原生種

　　厚皮香是台灣中海拔闊葉林中的原生植物，枝條輪生排列成有層次的樹冠，肥厚具光澤的葉片叢生在枝端，模樣討喜可愛。冬至到早春是茶科植物開花的時節，厚皮香也在這時盛開，黃白色的花朵自葉腋間長出，春風吹過，飄散淡淡的清香。果實是乾燥的漿果，長長的花梗帶著黃紅色的果子向下彎曲，像是造型別致的美術燈泡。果實成熟後裂開，露出艷紅色的種子。

　　厚皮香因樹形美、樹姿整潔，在日本被認為是高貴的植物，而譽為庭木之王。厚皮香生長緩慢，樹形常年依舊，不需經常修剪，樹齡越大樹形越具風味。

未修剪的厚皮香樹形

橢圓狀倒卵形或倒披針形

花腋生，花瓣黃白色。

高度3公尺	樹形 層塔形	葉持久性 常綠	葉型

特徵 常綠小喬木，全株平滑。葉互生、全緣，橢圓狀倒卵形或倒披針形，先端圓鈍，厚革質，側脈不明顯，葉柄紫紅色。花單生腋出，具長柄，小苞片2枚，萼片5枚，宿存，花瓣5枚，黃白色，具清香，雄蕊多數。果實漿果狀，球形，具短尖頭，熟時紅褐色，萼宿存，內含種子3至4粒。

用途 本種可供庭園觀賞，為高級之綠籬樹、園景樹、誘鳥樹。木材淡紅色，質重耐久，可供建築用材；葉供藥用。

分布 原產於中國大陸華中、華南地區，以及中南半島、菲律賓、馬來西亞、日本等地。台灣產於中海拔闊葉林。

俗名 紅柴、紅淡、木槲

推薦觀賞路段

北：台北市的復興北路、台北植物園、陽明山公園。

南：高雄市高雄都會公園，屏東縣恆春熱帶植物園。

厚皮香果實像是造型別致的美術燈泡

葉片叢生在枝端

漿果球形，熟時紅褐色。

生態現象

厚皮香樹上常有介殼蟲類取食，介殼蟲剛孵化時會到處遊走，二齡以後觸角和腳會退化，半圓形的身體固著在植物體上一動也不動，以植物的汁液為食。介殼蟲會分泌蜜露吸引螞蟻，但是蜜露常會發霉，使植物體上布滿霉污，引發煤煙病，妨礙光合作用的進行。介殼蟲危害嚴重時，不但會影響植株的觀賞價值，還會造成植物生長不佳。

藤黃科 Guttiferae	*Calophyllum inophyllum* L.	原產地　海南島、台灣恆春

瓊崖海棠 Alexandrian Laurel, Indiapoon Beautyleaf 　原生種

　　瓊崖海棠是台灣原生樹種，生長於恆春海邊，粗壯堅挺的枝幹，深灰色的樹皮，給人相當厚實的感覺。其革質、橢圓形、對生的葉片和福木很類似，但只要仔細觀察就可以分別兩者，福木的葉脈並不明顯，而瓊崖海棠的葉背則排滿細長而平行的側脈。

　　瓊崖海棠在夏季開花，大型的白色花序散發濃濃的花香。秋天結出一顆顆綠色球形核果，果實成熟時轉為赤褐色。渾圓的果實加上細長的果梗，模樣可愛，像是過年時小孩玩的煙霧彈。

　　瓊崖海棠樹性強健、抗風、耐旱、耐鹽，是極佳的海岸防風樹種，生長緩慢、壽命長，樹齡愈久者愈顯蒼勁。

瓊崖海棠花朵於夏季盛開

瓊崖海棠行道樹景觀

雄蕊多數，花絲基部合生。

雌蕊

葉橢圓形，厚革質。

花瓣白色

高度8公尺	樹形　圓形	葉持久性　常綠	葉型

特徵 常綠喬木，樹冠圓形。樹皮厚，灰色，平滑。葉橢圓形，厚革質，對生，葉柄短。花序總狀，白色，具長梗，花瓣4片，具香味，雄蕊多數，花絲基部合生。核果球形，綠色，成熟赤褐色，內藏種子1粒。

用途 可作為盆栽樹、庭院樹、行道樹及海岸造林樹種。樹幹通直，木材堅硬耐蛀，常做為梁柱、杵臼、農具、家具的材料，也可用做船艦用材。樹皮可作為染料用。種子可炸油。

分布 原產於海南島與台灣恆春海岸林

俗名 紅厚殼、胡桐、君子樹

推薦觀賞路段

最壯觀的瓊崖海棠行道樹是位於花蓮明禮路花蓮醫院前，全長350公尺的林蔭大道，該路段是由數十棵樹齡80年以上的老樹組成，樹形多變且蒼勁。

北：台北市師大路、台北植物園。

南：嘉義市嘉義樹木園，屏東縣台26號省道車城至恆春段、墾丁國家公園管理處小灣遊客中心、恆春熱帶植物園。

東：花蓮市明禮路、中正路，台東縣知本森林遊樂區。

生態現象

瓊崖海棠是典型的熱帶海岸樹種，在它身上可以發現許多海岸植物的特徵，如大型的葉片能增加吸收光能的面積，提高光合作用量；厚質的葉片，表面具蠟質，可以防止鹽沫的侵害。

桃金孃科 Myrtaceae	*Nageia nagi* (Thunb.) O. Ktze.	原產地　澳洲

檸檬桉 Lemon Scented-gum

　　檸檬桉因葉片會散發出檸檬香味而得名。樹形高聳雄偉，樹幹在相當高的地方才開始分枝，因此感覺相當修長，枝葉柔細飄逸，樹幹白皙光滑。

　　檸檬桉枝條稀疏，林下很透光，大片成林時，林中充滿檸檬的芳香。據說檸檬桉樹皮很薄，聽覺敏銳的人將耳貼著樹幹，可以聽到維管束運輸水分時所發出的聲音。不管此一說法的真假，將臉頰靠在檸檬桉的樹幹上的確相當舒服，那種沁涼如水的感覺，令人回味無窮。

屏東縣萬金鄉附近的檸檬桉行道樹壯麗景觀

　　檸檬桉是全世界最高大的樹種之一，生長十分快速，對惡劣土壤和氣候的適應性強，所以無論是土地貧瘠或風勢強勁的地區都能栽種。檸檬桉具耐寒、耐熱、抗瘠、抗旱的特性，廣受人們喜愛，但因為屬直根系，移植較不容易。

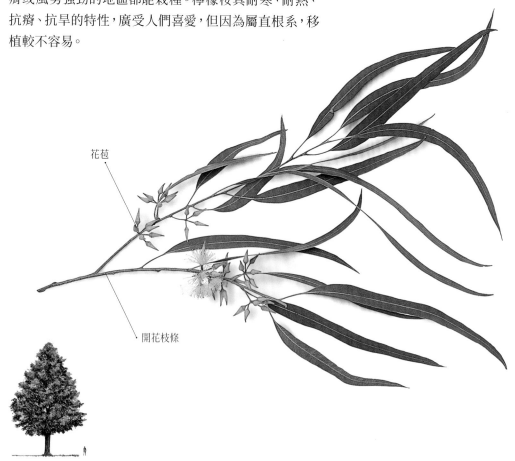

花苞

開花枝條

高度20公尺	樹形　圓錐形	葉持久性　常綠	葉型

特徵 常綠大喬木，樹皮每年脫落，蛻皮後之莖幹光滑，呈現灰白色。單葉互生，線狀披針形或長卵形，先端銳尖，基部銳，全緣，具檸檬味。圓錐花序，花白色。蒴果壺形，內含種子多數。

用途 樹形高大，樹姿清爽，適合作行道樹栽植。葉片具有強烈的檸檬香氣，可用來提煉香油，製造香皂。

分布 原產澳洲，廣泛栽植於全台平地。

俗名 電線桿樹、油桉樹、檸檬香桉樹

推薦觀賞路段

北：台北市百齡橋，中山高速公路中壢服務站。

中：台中月眉養豬場、市立文化中心前梅川河岸綠地，南投縣日月潭台21甲省道。

南：嘉義市嘉義樹木園，台南市台17號省道興達港附近，高雄市河西一路，高雄市澄清湖、旗山農工職校，屏東縣萬金鄉赤山農場。

東：花蓮縣台9線壽豐路段，花蓮市中美路，台東縣知本森林遊樂區。

花白色，雄蕊多數。

葉線狀披針形或長卵形，具檸檬味。

樹幹白皙光滑

檸檬桉樹形高聳

桃金孃科 Myrtaceae	*Eucalyptus robusta* Smith	原產地　澳洲

大葉桉 Beakpod Eucalyptus, Brown Gum, Swamp Mahogany

「尤加利」是一群木本植物的屬名，也就是我們所說的桉樹，現存者約有500多種，因為是無尾熊的主要食物而廣為國人所知。大葉桉雖也叫「尤加利」，但是無尾熊取食的「尤加利樹」有四、五十種，大葉桉只是其中一種。台灣在日治時代就引進許多種桉樹作為行道樹，以大葉桉和檸檬桉種植最多。

大葉桉樹皮粗糙，葉革質互生，披針形，搓揉有香味。秋季開出白色花朵，花的形狀像是一把只剩傘骨的傘。果實成熟後會掉落滿地，杯形的蒴果，其蓋子像是一頂迷你的小斗笠。從前，小孩子常撿拾果實串成項鍊或手環，是免費的玩具。

大葉桉耐濕性強，非常適合台灣高溫多濕的氣候，全台各地校園、行道路樹都可見到它的蹤跡。可惜樹幹脆弱，颱風過後常可看到大葉桉被吹襲折斷，雖然不久後又會長出新枝葉，但樹形的美觀已受影響。此外，因其木材質地不佳，缺乏經濟價值，目前已無新植，許多以前栽植大葉桉的路段，已漸由其他樹種所取代。

大葉桉行道樹已漸為其他樹種所取代

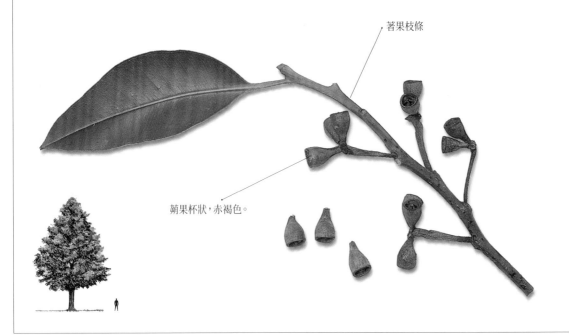

著果枝條

蒴果杯狀，赤褐色。

高度15公尺	樹形　圓錐形	葉持久性　常綠	葉型

特徵 常綠大喬木，幹皮具厚木栓質，紅褐色，縱裂，小枝紅褐。單葉互生，長橢圓形，全緣，革質，先端銳尖。繖形花序腋生，花5至10朵，萼片與花瓣合生而成花蓋，花冠白色。蒴果杯狀，赤褐色，成熟時頂端的蒴蓋開裂，內含種子多數。

用途 葉供藥用，可提煉精油，具防蟲效果。其枝條中含油份，是早期重要的引火樹種。此外，可栽植作為庭園樹、防風樹或行道樹。

分布 原產澳洲，廣泛栽植於全台平地。

俗名 尤加利、大葉尤加利

推薦觀賞路段

北：台北市新生南路、長春路、基隆路、民權東路、杭州南路，新北市台2號省道竹圍至淡水路段，新竹市新豐路。

南：嘉義市嘉義樹木園，高雄市鼓山三路。

幹皮木栓質厚，紅褐色，縱裂。

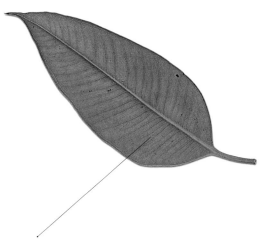

葉長橢圓形，革質，先端銳尖。

大葉桉於秋季開花

生態現象

大葉桉在澳洲是無尾熊的主要食物，葉中含單寧和氰酸，會對許多動物造成毒害，但有些昆蟲卻有比較強的耐受力，例如擬尺蠖、桃蚜和吹綿介殼蟲等，能啃食桉樹的幼嫩葉片或吸食樹汁。原本蛀食柑橘樹的天牛幼蟲，也會侵入桉樹樹幹中，啃食木質部，危害嚴重時會造成植株枯死。

桃金孃科 Myrtaceae	*Melaleuca leucadendra* (L.) L.	原產地　印度、馬來西亞、澳洲

白千層 Paper-bark Tree, Cajuput Tree

　　白千層樹皮特殊，是小孩子最喜歡的植物，由於樹皮木栓組織發達，每年會向外長出新皮，並把較老的樹皮推擠出來。灰白色的樹皮柔軟富彈性，可以一層層剝下來，愈往裡面的樹皮愈是潔白純淨。小孩子會在樹皮上寫字，也會剝取樹皮當作橡皮擦使用，但是效果不佳。

　　白千層葉形細長，形狀、質感和相思樹相似，因此又被稱為相思仔。夏季時開出黃白色的花序，像個小瓶刷似的，模樣相當可愛。花後，數十個圓形的小蒴果密生在果序上，成熟後開裂，散布細小的種子。

　　白千層樹體高大，主幹常彎曲，常年枝葉蒼翠、花姿素雅，是優美的景觀樹種。其樹冠小，遮蔭性較差，雖非良好的蔭涼樹種，卻是抗引擎廢氣——二氧化硫的優良環保樹種。

白千層的樹冠小，常為橢圓形。

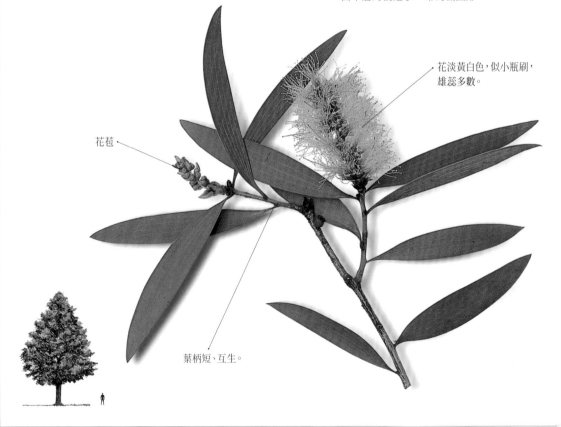

花淡黃白色，似小瓶刷，雄蕊多數。

花苞

葉柄短、互生。

高度15公尺	樹形　圓錐形	葉持久性　常綠	葉型

特徵 常綠大喬木，樹木木栓組織發達，多層剝落狀，灰白色。葉互生，有柄，橢圓狀披針形，兩端均銳，葉脈平行。花序頂生，密穗狀排列，形如瓶刷；花軸在結果後，會再生出新枝新葉；花淡黃白色，具香味，萼鐘形，花瓣5片，雄蕊多數。蒴果成熟後3裂，種子細小、線形。

用途 在馬來西亞及爪哇，白千層為十分普遍的藥用植物，南洋地區的居民則以其果實增進食慾。它也是提煉香精油的原料，將其嫩葉蒸餾後，即白千層油，可治療風濕及霍亂等疾病。可栽植為行道樹或防風林。

分布 原產於印度、馬來西亞、澳洲，廣泛栽植於全台各地。

俗名 相思仔、白瓶刷子樹、剝皮樹

推薦觀賞路段

北：台北市明水路、和平東路、忠孝東路。

中：台1線台中梧棲路段。

南：嘉義市嘉義樹木園，高雄市一心路、中華三路、中華四路、自由路、左楠路、後昌路、河東路。

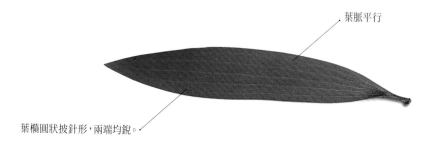

葉脈平行

葉橢圓狀披針形，兩端均銳。

白千層花於夏季盛開

樹皮灰白色，多層剝落狀。

生態現象

咖啡木蠹蛾的幼蟲呈咖啡色，生活在白千層、木麻黃、鐵刀木、烏桕、相思樹等樹種的樹幹中，以樹木的木質部為食，食痕呈隧道狀，並於近地面處有一個圓形的開口，由此將蟲糞排出。幼蟲成熟後在樹幹中化蛹。成蟲全身白色，翅膀上密布青藍色的斑點，是台灣低海拔地區相當常見的蛾類。

千屈菜科 Lythraceae	*Lagerstroemia subcostata* Koehne	原產地　中國、台灣、日本

九芎 Subcostate Crape Myrtle 原生種

　　九芎是台灣低海拔地區的原生樹種，常生長在溪谷附近，樹皮灰白色與芭樂樹相似，樹幹光滑，古人稱它為「樹無皮」，現今則有「猴不爬」的稱呼，形容其樹幹滑溜，連善於爬樹的猴子都爬不上去。

　　秋天一到，九芎的葉子便會轉黃，片片凋落。落盡葉片的九芎樹，因樹幹的顏色與眾不同，相當容易辨識。冬天時賞九芎樹，白幹禿枝，風味獨具。此外，九芎有個著名的近親叫做「紫薇」，不開花時不易分辨，僅能略以九芎樹形較高大，葉柄較長來分別。夏天開花時是區分這兩個樹種的最好時機，九芎花朵白色，紫薇淡紫色；九芎的果實比紫薇小，因此又被稱為小果紫薇。

　　九芎可以用播種或扦插的方法繁殖，但需注意它是陽性樹種，只有在陽光充足、排水良好的地方才能生長旺盛。

九芎於夏季開花

蒴果長橢圓形

葉柄短

老葉變黃

高度5公尺	樹形　圓錐形	葉持久性　落葉	葉型

特徵 落葉喬木，樹皮茶褐色，光滑，具斑紋。葉具短柄，近對生，在枝條上排成兩列狀，革質，葉片長卵形至卵形，全緣，先端銳，基部鈍，葉長3至9公分，寬2至3公分。圓錐花序頂生，萼鐘形5至6裂，花瓣6枚，淡黃白色，雄蕊多數。蒴果長橢圓形，長6至8公釐，成熟時褐色，胞背開裂，種子小，一端具狹翼。

用途 九芎材質緻密而堅硬，除可供建築與各種用具使用外，九芎材所製成的木炭，起火容易、燃燒時間長，且不易生煙，是最佳的薪炭材樹種。近年來，因推廣原生綠化樹種而漸被重視，在許多地區栽植為庭園觀賞樹種或行道樹。

分布 分布中國大陸、日本、琉球。台灣廣泛分布於全台平地。

俗名 拘那花、樹無皮、猴不爬、苞飯花、小果紫薇

推薦觀賞路段

北：台北市台北植物園、大度路。

中：中山高速公路泰安休息站，台中市中港路、五權西二街。

東：宜蘭市環河路、健康路，台東縣知本森林遊樂區。

台北市大度路的九芎行道樹

樹皮茶褐色，光滑，具斑紋。

葉全緣，先端銳。

圓錐花序頂生

雄蕊多數

花淡黃白色

生態現象

九芎耐乾旱，耐貧瘠，且扦插容易存活，因此在山區的崩塌地或土壤裸露地可以用九芎的枝幹打樁，不但可以防止土石崩落，枝幹生根成長後，更具有鞏固土石的功效，是良好的水土保持樹種。

使君子科 Combretaceae	*Terminalia catappa* L.	原產地　舊熱帶地區、台灣

欖仁樹 Indian Almond 原生種

欖仁樹的枝條粗壯、平展，輪生向上生長。春季開花，細小的花序並不顯眼，仔細觀察卻大有文章。不同於一般植物的花朵，可以同時看到雄蕊和雌蕊，欖仁是雌雄異花的植物，花序中雄花開於枝條頂端，雌花居於下方。

夏季時，欖仁樹恣意地生長，大型而濃密的葉片覆蓋在平展的枝條上，彷彿是一把大陽傘，常被種植於停車場或公園中，清爽的感覺令人暑氣全消。秋天時葉片轉紅，翩翩凋落，只留下光禿的枝椏。欖仁樹是台灣平地樹種中最能表現季節變化者之一。

欖仁樹的果實形狀像橄欖的核，故有此名。核果具堅韌纖維質的果皮，能漂浮於水面上，藉水傳播。仔細觀察可以發現，果實兩面有突起的稜，就像是船隻的龍骨狀構造，不但可增加果實的硬度，且方便順海漂流。

夏季時，欖仁樹恍如一把大陽傘。

穗狀花序

葉倒卵形，全緣，先端鈍圓。

單葉互生，密集小枝頂端。

高度5公尺	樹形　傘形	葉持久性　落葉	葉型

特徵 落葉喬木，常具板根。單葉互生，密集小枝頂端，倒卵形，全緣，革質，先端鈍圓，落葉前變紅，葉背基部具一對不明顯腺點。穗狀花序腋生，白綠色，雄花在上方，雌花或兩性花在下。核果扁球形，兩邊具稜，熟時褐色。

用途 種子成熟後可食用，且富含油脂，可搾油。據傳將欖仁葉晒乾泡茶，可治肝病。由於欖仁樹生長快速，四季極富變化，且對於土壤等環境要求不嚴苛，為目前極受歡迎的庭園樹、行道樹，甚至可當防風林。

分布 廣泛分布舊熱帶地區，如太平洋諸島、東南亞、中國大陸西南沿海、海南島。台灣野生者分布於蘭嶼與恆春地區。目前廣泛栽植於全台平地。

俗名 大葉欖仁樹、枇杷樹、涼扇樹、雨傘樹

推薦觀賞路段

相傳屏東縣滿州鄉的南仁山、南仁湖地區因為昔日生長許多欖仁樹而得名，後因讀音相近而改為南仁。

北：台北市台北植物園、台北捷運淡水線沿線，新北市淡水沙崙海水浴場、台2號省道三芝至金山路段、三貂角路段。

中：台中市中清路、五權路。

南：嘉義市嘉義樹木園，高雄市旗津二路，屏東縣台26號省道。

東：台東縣知本森林遊樂區，花蓮市府前路、海岸路。

核果扁球形，兩邊具稜。

欖仁樹秋景

葉片落葉前變紅

生態現象

欖仁樹核果的好處只有赤腹松鼠知道，因為其具堅韌多纖維的果皮只有松鼠那兩顆大門牙啃得動。在松鼠出沒的地方，常可以在欖仁樹下看到被咬破的果皮，那就是赤腹松鼠的傑作。

| 山欖科 Sapotaceae | *Palaquium formosanum* Hay. | 原產地　台灣、菲律賓 |

大葉山欖 Formosan Nato Tree 原生種

大葉山欖是台灣原生植物，是生長在台灣海邊的熱帶海岸林植物。植物要能生長在颱強風、大太陽、鹽分多的海岸惡劣環境，必須具備特殊的本領。大葉山欖的本事不小，它厚厚硬硬的葉子像包了一層皮革，一方面可以減少水分的散失，另一方面也可以抵擋鹽分的侵襲。大葉山欖的種子也如多數海邊植物一樣具有硬殼、質輕、富纖維質的特性，才可漂於海上以利散播。

大葉山欖其實還有一個很大的特徵，那就是當它年紀大時，樹幹基部會長出板根；可別小看這板根，對於加強支撐能力可是有很大的功用喔！

公園綠地常栽植的大葉山欖

葉叢生枝端

果橢圓形，長3.5公分。

高度15公尺	樹形　傘形	葉持久性　常綠	葉型 🌿

特徵 常綠大喬木，小枝具褐色細柔毛，漸光滑，具明顯的葉痕。葉序互生，叢生於枝端，長橢圓形或長卵形，葉尾圓鈍或內凹，全緣，厚革質，葉面光滑，基部銳形。秋到春季開花，花白綠色，腋生，花柱單一，錐狀且宿存；花柄被有褐色短毛。核果橢圓形，成熟時黃綠色，內有種子1至3枚。

用途 本種樹性強健、耐旱、耐鹽、抗風，是很好的海邊綠化樹種，此外亦可栽植為園景樹。樹皮可製染料；木材供建築、製器；枝葉可當花材。全株含有乳狀汁液，可用作絕緣材料之膠木，所以又稱為「台灣膠木」。

分布 菲律賓以及台灣北部濱海、南部沿海地區、蘭嶼。

俗名 台灣膠木、臭屁梭、鸝古公樹、杆仔、馬古公樹、蘭嶼芒果

推薦觀賞路段

大葉山欖是台灣常見的海岸植物，由於可以適應海岸惡劣環境，所以目前也被栽植做為防風綠化樹種，全台多處濱海道路與各大公園皆可發現它的蹤跡。

北：新北市東北角風景區管理處。

中：台中港區防風林，明德水庫。

南：高雄市立美術館。

東：宜蘭縣五結鄉，蘭嶼，綠島。

葉長橢圓形或長卵形，10至15公分。

枝葉叢生模樣

大葉山欖的果實結實纍纍情形

生態現象

大葉山欖是蘭嶼達悟族人日常利用之植物。核果成熟、果皮變軟後，甜度極高，很受小孩子喜愛，當地人又稱大葉山欖為「蘭嶼芒果」。大葉山欖的莖則是蘭嶼人製造拼板舟的材料之一。它的果實也是鳥類、松鼠、台灣獼猴的最愛。

芸香科 Rutaceae	*Murraya paniculata* (L.) Jack.	原產地　熱帶亞洲

月橘 Common JasmineOrange 原生種

　　月橘是台灣原生植物，開花時附近總飄散著一股濃郁的香氣，因此又有「七里香」、「千里香」等高雅的名字，而這濃郁的香氣可說是它最引人注意的地方。除了人類會被吸引外，一般昆蟲也會循著這股香氣而前來共赴盛宴，所以月橘開花時，常可以看到很多昆蟲在附近飛來飛去。

　　月橘那小小的葉片呈橢圓形，在陽光下可見其密生著許多油腺點，這油腺點是其一大特徵。月橘漿果卵形，熟時由綠轉為橘紅，是很多鳥類的最愛。圓月橘樹幹材質細緻，為優良的印章、雕刻材料；也因月橘是常綠灌木或小喬木，所以最常被栽植作綠籬植物，尤其農村中最常見。

果實長橢圓形，初為綠色，熟後轉紅。

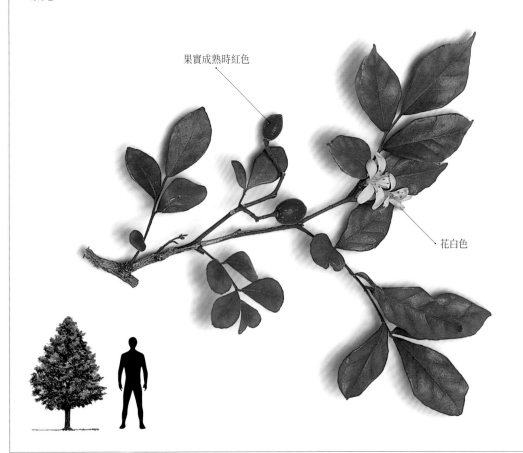

果實成熟時紅色

花白色

高度2公尺	樹形　灌木狀	葉持久性　常綠	葉型

特徵 常綠小喬木或灌木，株高約1至4公尺，枝葉繁密。葉互生，奇數羽狀複葉，小葉幾乎沒有柄，但布滿腺點。夏、秋季開花，花白色，5瓣，具有濃郁的香氣。果實卵圓或卵狀長橢圓形，初為綠色，熟後轉紅。

用途 枝葉耐修剪，是常見的庭園綠籬、地被植物，亦可供盆景栽植，作為觀賞之用。此外亦能做藥用、工業用。花和成熟的果實可食。撿拾花朵晒乾，當天然香料泡茶飲用或加入蛋花湯，非常可口。

分布 印度、馬來半島、菲律賓、琉球、台灣

俗名 七里香、台灣海桐、石柃、石芬、九里香、十里香、千里香、四時橘

推薦觀賞路段

北：台北市信義路一段、中央研究院、大安森林公園。

中：台中市區各大專院校及公園。

南：高雄市區各大專院校及公園。

東：東部各大專院校及市區公園。

奇數羽狀複葉，小葉互生。

花5瓣，具有濃郁的香氣。

月橘常被栽植作綠籬

生態現象

每當月橘開花時，常會吸引很多昆蟲前來取食花蜜，玉帶鳳蝶也會對月橘有訪花行為。

| 楝科 Meliaceae | *Swietenia macropnlla* King | 原產地　中南美洲 |

大葉桃花心木 Honduras Mahogany

　　大葉桃花心木於本世紀初自中美洲引進台灣。由於木材呈淡紅褐色，有如桃花色澤一般，因此得名。目前台灣共栽培兩種，一種葉片較大的，就是「大葉桃花心木」；另一種葉片明顯較小，長度只有5公分左右，稱為「小葉桃花心木」或是「桃花心木」。兩種都是高級經濟樹種，木材質地密緻而且有光澤，是製造高級家具的上等材料。

　　在原產大葉桃花心木的國家中，「多明尼加」將它推舉為國花；在台灣，大葉桃花心木則是高雄市的縣樹，可見它受到重視的程度。其最特別之處莫過於它的錐狀橢圓形蒴果，成熟後會木質化，並自基部縱向裂開，好讓帶著翅膀的種子飛散到遠方以開拓新天地。紅褐色的翅果會像直升機螺旋槳般旋轉飄落下來，甚為有趣。

高雄市同盟路的大葉桃花心木行道樹

葉互生

著果枝條

高度15公尺	樹形　橢圓形	葉持久性　常綠	葉型

特徵 大葉桃花心木高可達15公尺以上，主幹十分明顯。全身光滑無毛，小枝外表具有明顯的皮孔。葉為一回偶數羽狀複葉，互生，小葉3到7對，彼此對生，輪廓斜卵形，基部歪形。初夏開花，圓錐花序生在葉腋處，花朵很小，但是數量頗多，黃綠色，萼瓣各5枚，雄蕊聚集成筒，子房成5室。橢圓形的蒴果錐狀，外表具有5條縱稜，種子具翅。

用途 世界著名用材樹種，也是很好的景觀樹。過去也常被拿來製造軍艦、舟車、農具等。

分布 大葉桃花心木原產於中南美洲、墨西哥及哥倫比亞等地，於1809年引進台灣栽種。起初栽種於墾丁的林業試驗所，後因生長快速，普遍栽種於台灣中南部地區。

俗名 桃花心木

推薦觀賞路段

大葉桃花心木是台灣常見的綠化植物，由於適應台灣的環境且具有非常好的綠蔭效果，目前廣泛運用於綠化樹種。全台多處道路、校園與各大公園皆可發現它的蹤跡，中南部尤其常見。

北：台北市台北植物園、大安森林公園。

中：台中市國立自然科學博物館、向心南路、大墩路，南投縣中興新村。

南：高雄市的高雄都會公園、澄清湖、愛河旁、同盟路、新莊一路、大昌一、二路、大裕路、明誠路，嘉義市嘉義樹木園，嘉義縣中正大學，屏東縣屏鵝公路、沿山公路。

東：台東縣知本森林遊樂區。

蒴果長橢圓形，外表具有5條縱稜。

葉為羽狀複葉，小葉3至7對。

果實生長情形

生態現象

大葉桃花心木的種子令人印象深刻，雖然不能吃，但卻可以玩。帶翅的種子從空中掉落時，會像直昇機螺旋槳般不斷的旋轉，使得種子緩緩飄落，往往可以順風飄得很遠，相當有趣！

| 漆樹科 Anacardiaceae | *Pistacia chinensis* Bunge. | 原產地　中國大陸、菲律賓、台灣 |

黃連木 Chinese Pistachios 原生種

　　黃連木的葉子細密青翠，嫩葉時呈紅色，到了夏季成熟時轉為翠綠色，秋天再轉深紅凋落，真是多變美麗！此黃連木並非中藥解毒劑裡的黃連或許是因為它的紅色嫩葉，嚐起來帶有淡淡的苦味，才有「黃連木」名字的產生吧，不過它的葉子搓揉後，會聞到一股特殊的香味喔！

台灣大學校園內之黃連木行道樹

　　黃連木古稱「楷木」，相傳曲阜孔廟中的孔子像，即為子貢手植的楷木雕刻而成，所以中國儒家稱黃連木為「孔樹」。黃連木性喜向陽乾燥之地，耐乾耐風，生長快速，壽命長，全台均可栽植。它在臭氧濃度較高時，會有病徵出現，為較敏感的樹種，故可作為污染指標植物。年老的黃連木其中心很容易腐朽成空，故又名爛心木。

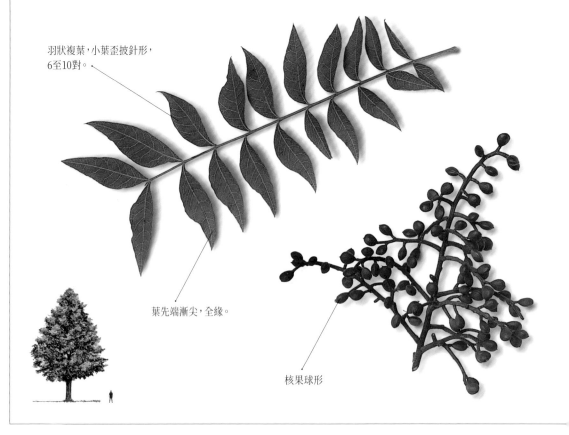

羽狀複葉，小葉歪披針形，6至10對。

葉先端漸尖，全緣。

核果球形

高度15公尺	樹形　圓形	葉持久性　落葉	葉型

特徵 落葉喬木，樹皮土褐色，樹皮呈鱗片狀剝落，深根性。一回奇數羽狀複葉，小葉歪披針形，6至10對，先端漸尖，全緣，具香味，幼葉銅紅色。雌雄異株，雄花為紫色總狀花序，雌花圓錐花序。核果球形，初為紅色，次變紫藍色，乾後具縱向細條紋。

用途 為庭園樹、行道樹用材。黃連木木材堅硬密緻，紋路美麗又帶光澤，可製成各種器具或工藝品。莖、樹皮可做中藥黃蘗代用品。樹皮，葉子及果實可以提煉栲膠。嫩葉帶著清香，可以提煉芳香油及製黃連茶或稱黃鸝茶。種子可榨油、作燃料。

分布 分布範圍廣泛，中國大陸華中以南各省均產之。台灣大多生長於新竹、花蓮以南低海拔之河岸山谷及海邊岩石山區。

俗名 楷木、爛心木、涼茶樹、黃連茶、孔樹、爛心、黃鸝芽

推薦觀賞路段

黃連木是台灣中南部常見的原生樹種，由於樹形優美，而且具有非常強的生長能力，近年來已被大量栽植做行道樹。

北：台北市大安森林公園、台灣大學校園、台北植物園。

中：台中市國立自然科學博物館、中興大學。

南：高雄市的高雄都會公園、中華路、民族路、澄清湖，台南市關仔嶺。

東：花蓮縣太魯閣國家公園。

果實生長情形

嫩葉剛長出時為紅色

生態現象
黃連木上常可見到綴葉叢螟的幼蟲群居，牠們吐絲把小枝綴合成巢，危害嚴重時，甚至可以把樹葉啃光。

漆樹科 Anacardiaceae	*Semecarpus gigantifolia* Vidal	原產地　菲律賓、台灣

台東漆 Giant-leaved Marking-nut 原生種

台東漆原產菲律賓，以及台灣台東地區、恆春海岸、龜山島和蘭嶼等地，屬漆樹科常綠喬木。枝條粗壯，橢圓狀披針形的葉片叢生在枝條頂端，遠望像是大型的芒果樹。開花時，花朵也像芒果一樣為頂生圓錐花序，花朵細小常被忽略，不過果實卻相當醒目，橢圓形的核果具有膨大的果托，像是個大頭的不倒翁。同一個花序上，果實與果托因為成熟程度不同而有多變的色彩，果托由綠色變紅色，最成熟者為紫黑色；果實則由綠色轉褐色，最後變為紫黑色，如此特殊的型態，令人驚嘆。

台東漆樹皮汁液可當漆料或作為黑色的染料，但毒性甚強，不小心接觸會造成皮膚紅腫、發癢、灼燙等症狀；誤食後則會嘔吐、腹瀉。台東漆雖屬有毒植物，但它五顏六色的鮮艷果實和終年常綠的樹姿，仍受許多人喜愛，是絕佳的園景樹，也是海岸綠化的熱門樹種。

台東漆為常綠喬木，枝條粗壯。

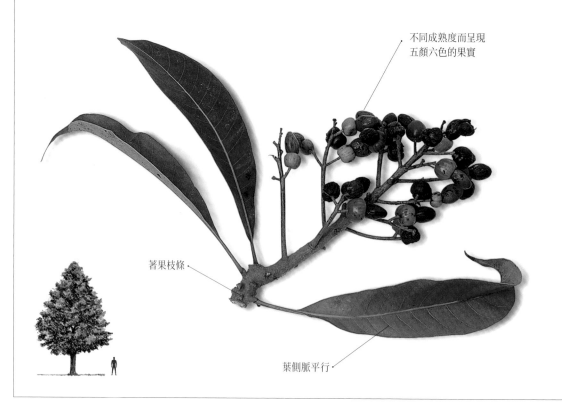

不同成熟度而呈現五顏六色的果實

著果枝條

葉側脈平行

高度10公尺	樹形　圓形	葉持久性　常綠	葉型 

特徵 常綠喬木。葉具粗柄，叢生枝端，革質，橢圓狀披針形，兩端銳，全緣，長30至45公分，寬8至12公分，表面深綠，裡面灰白，側脈平行，約20對。圓錐花序頂生，花小，萼鐘形，5裂，花瓣5片，闊披針形，白色；雄蕊5枚與花瓣互生。核果橢圓形，長約3公分，徑2公分，熟時暗紅至黑紫色。種子橢圓形。

用途 台東漆樹液經久變黑，可製為漆料。果托肉質可食。樹姿雄偉，果實造型美觀，顏色多變，可栽培供觀賞。

分布 菲律賓，台灣產於台東、恆春、蘭嶼等地。

俗名 仙桃樹

推薦觀賞路段

北：台北市台北植物園，新北市淡水區中山路。

南：台南市台17號縣道興達港附近，屏東縣恆春熱帶植物園。

東：台東縣太麻里海岸植物園。

台東漆的花似芒果，為頂生圓錐狀花序。

果實

果托

葉全緣，橢圓狀披針形，兩端銳。

圓錐狀花序

生態現象

台東漆果熟季節，繽紛的色彩不但吸引行人的目光，也受白頭翁等鳥類青睞。白頭翁屬雜食性的鳥類，有時會以昆蟲等小動物為食，補充動物性蛋白質，台東漆果熟時，則享受滋味不同的水果大餐。

| 安息香科 Styracaceae | *Styrax formosanus* Matsum. | 原產地　台灣特有種，見於全島低中海拔 |

烏皮九芎 Formosan Snow-bell 特有種

在台灣將近5000種的原生植物中，安息香科並不算知名度相當高的一科，但本科植物通常都有相當姣好的外型，國外也有許多栽培供觀賞的紀錄，著名的香料安息香，即為本科植物之安息香 (*S. benzoin*) 之樹脂提煉而來。可惜的是，台灣的種類並未見此類利用，殊為可惜。

總狀花序腋生或頂生

烏皮九芎是台灣原生的本科植物中，分布相當廣泛的一種，從低至中海拔都可以發現它的蹤跡。本種開花時，滿樹掛滿下垂的白色花序，除了美觀外，更具有淡雅的香氣，小而緻密的葉片也帶來相當好的遮陰效果，而冬季落葉的特性，又可使環境不致太過陰暗，就行道樹來說，實在是相當優良的選擇。烏皮九芎的名稱其實相當直觀，由於本種的樹形及葉片類似九芎，但樹皮不像九芎一樣是偏淺色的，反而是黑褐色的樹皮，因而有此名稱。除了烏皮九芎之外，台灣原生的安息香科植物仍有許多種類具有行道樹潛力，例如假赤楊 (*Alniphyllum pterospermum*)、蘭嶼野茉莉 (*S. japonica var. kotoensis*) 及台灣野茉莉 (*S. matsumuraei*) 等。

蒴果球形，成熟時褐色。

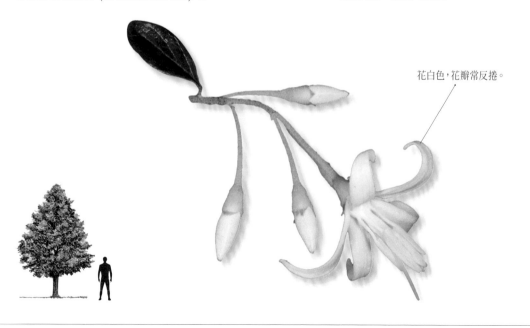

花白色，花瓣常反捲。

高度5公尺	樹形　傘形	葉持久性　落葉	葉型

特徵 落葉灌木至喬木，樹皮黑褐色。單葉互生，菱狀卵形，長4～6公分，寬2～3公分，幼時密被白色星狀毛，成熟時逐漸脫落，紙質，葉柄長3～5公釐。總狀花序腋生或頂生，花白色，下垂，花冠5裂，直徑約3公分。雄蕊約10枚，花藥乳黃色。蒴果球形。

用途 本種木材緻密且具紅色調，可作為建材及工藝用途，亦可作為薪炭材。

分布 台灣特有，分布於全島低中海拔山區

俗名 台灣安息香、奮起湖野茉莉、烏雞母、白樹

推薦觀賞路段

本種目前尚未見到大量栽植，但由於樹種特性使其成為相當優良的行道樹種，因此下面推薦的是容易觀賞的野生植株的地點。

北：陽明山、太平山

中：奧萬大、惠蓀林場

南：奮起湖

白色花朵常於春天大量開放，與綠色的葉片搭配下相當搶眼。

春天開花時，本種從不起眼的一棵樹成為視覺上的主角。

| 木犀科　Oleaceae | *Chionanthus retusus* Lindl. & Paxton var. *serrulatus* (Hayata) Koidz. |

流蘇 Chinese Fringe-tree

　　1753年，著名的瑞典植物學家林奈（Carl Linnaeus, 1707〜1778）取得海外流蘇的標本，將其屬名命名為 *Chionanthus*。Chion為「雪白」，anthus為「花」，意即「雪白之花」。流蘇為台灣的原生樹種，近似圓形的葉子，鋸齒的葉緣；細長花冠四深裂向上綻放，猶如古代仕女服飾之流蘇，似乎把可愛的元素聚於一身，也讓看過流蘇的人們將這美麗的身影深深的烙印在心中。但早春的花朵壽命通常不長，若遇上雨季也會影響授粉的成功機率，流蘇似乎抓緊了這樣子的訊息，花期常於雨季來臨之前，也就是3〜4月間，似乎就成為開花最好的時間點，回想一下北部地區11月至隔年4月是不是一年當中雨量最少的時間點，流蘇一般會先長葉，才開花，花芽之前要有低溫催芽，又要嚴防雨季，所以看來一年當中4月是最好的選擇了。每到5月時，花已凋零，不在梅雨與颱風期開花，流蘇的美有著高深的生態智慧。

單植的流蘇樹常吸引眾人的目光

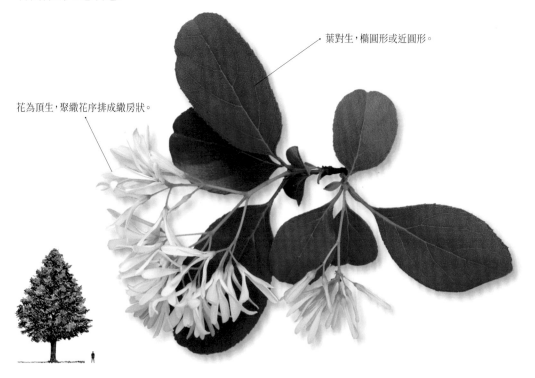

花為頂生，聚繖花序排成繖房狀。

葉對生，橢圓形或近圓形。

原產地 中國大陸、韓國、日本及台灣	高度 5～15公尺	樹形 傘形	葉持久性 落葉	葉型 

特徵 落葉性中喬木，高可達15公尺。葉對生，橢圓形或近於圓形，長5～12公分，紙質，先端鈍或略凹；嫩葉有微細鋸齒，老葉則為全緣，下表面中脈明顯被毛；葉柄被毛。聚繖花序排列成繖房狀，小花梗基部有關節，花萼與花冠均為深四裂，裂片線狀匙形；雄蕊2枚；花冠純白色，頂生，具芳香，細長花冠四深裂向上綻放。果實為核果，卵形至橢圓形，被白粉，徑約1公分，熟時呈紫黑色；內有種子1枚，圓形。

用途 「流蘇」指的是下垂的穗子，而流蘇的花冠裂片細又長，亦有下垂，因而得名「流蘇樹」。樹形茂密，翠綠，是很好的庭園觀賞植物；嫩葉及花可用來製茶，據說香味不亞於龍井，故又稱「茶葉樹」。木材質硬而重，紋理緻密，可供製作各種器具。

分布 分布中國大陸、韓國、日本及台灣。台灣原產於台北林口台地、桃園大漢溪流域的大溪、角板山、南崁及新竹香山一帶。沿著溪流或海邊的斜坡生長，喜生於迎風處所，野生的已極為罕見。

俗名 鐵樹、流疏樹、茶葉樹、流蘇花、三月雪、四月雪、牛觔子、烏金子、隧花木、蘿蔔絲花

推薦觀賞路段

流蘇是台灣西北部地區稀有的原生樹種，但由於樹形蒼古健勁，在初春時節綻放出美麗的流蘇狀白花，初夏時結實，球形的果實成熟為深紫黑色相當美麗，冬季時落葉後仍能欣賞蒼古的樹形，稜狀突起的樹皮紋理，近年來已被大量利用來當景觀樹種。

北：國立台灣大學、228和平公園、陽明山國家公園、虎頭山公園、龜山大湖公園

中：台中都會公園、中興大學、國立自然科學物館、靜宜大學、清境農場

南：高雄都會公園、古坑休息站

東：羅東運動公園、花蓮瑞穗溫泉路、慈濟大學

流蘇的花冠裂片細長，似流蘇。

生態現象
流蘇的幼苗常出現在新裸露的斜坡，似乎具有森林演替先驅樹的特性，喜生於日照充足、排水良好之處。

木犀科 Oleaceae	*Fraxinus formosana* Hay.	原產地　南洋、中國、台灣、琉球

白雞油 Graffito's Ash, Formosan Ash 原生種

　　白雞油為台灣原生闊葉樹一級木，其木材刨光後有油蠟的感覺，像是塗過雞油一般，但因顏色較白，所以民間一般稱之為「白雞油」。

　　白雞油為台灣最重要的闊葉樹造林樹種之一，因抗風力大，在風害較大或衝風地帶，可作為帶狀造林或栽植成防風林。除此之外，白雞油適合生長在高溫、多雨的氣候下，所以很適合作為台灣中南部造林樹種。白雞油樹形優美，春季白色小花密生時非常醒目，很適合庭園、行道樹種植，目前廣泛利用做造林樹種。

春季白色小花密生時非常醒目

葉全緣革質

頂生圓錐花序密被柔毛，花白色。

高度15公尺	樹形　橢圓形	葉持久性　半落葉	葉型

特徵 半落葉大喬木，幹皮灰褐色，小薄片狀剝落，留有雲形剝落痕。奇數羽狀複葉，小葉對生，5至10枚，橢圓或歪卵或披針形，全緣，革質，先端銳尖或漸尖。頂生圓錐花序密被柔毛，花白色，兩性，花瓣4枚，雄蕊2枚，4至6月開花。翅果長線形，成熟時呈黃褐色，隨風播種。

用途 密植具防噪音功能，又能抗空氣污染，為行道樹、園景樹、誘蝶樹良好樹種。木材緻密堅韌，可供雕刻、建築用材，也供製作家具、農具及薪炭材使用。

分布 分布於印度、爪哇、印度尼西亞、菲律賓、中國大陸與琉球。台灣分布於全島中低海拔，為有名的速生樹種。

俗名 台灣白蠟樹、光蠟樹、山苦楝

推薦觀賞路段

北：台北市台灣大學校園、台北植物園、大安森林公園、北投大業路。

中：台中市中興大學校園，中部郊區農田。

南：台南市走馬瀨農場，高雄市高雄都會公園。

東：宜蘭縣羅東運動公園，花蓮縣太魯閣國家公園。

奇數羽狀複葉，小葉對生。

幹皮灰褐色，留有雲形剝落痕。

翅果長線形

成熟時呈黃褐色

白雞油開花時模樣

生態現象

獨角仙喜歡吸食白雞油的樹液，每年6、7月間，常常可發現樹上聚集上百隻獨角仙覓食或進行交配的盛況。白雞油開花時，連蝴蝶、叩頭蟲及虎頭蜂也都會聚集在樹旁覓食。

夾竹桃科 Apocynaceae	*Cerbera manghas* L.	原產地　泛熱帶分布

海檬果 Sea Mango 原生種

　　海檬果是台灣原生樹種，不論株形、葉形及果實，都和我們平常食用的芒果很像，但這種芒果卻是「毒芒果」。海檬果全株及乳汁都有毒，尤其果實及種子的毒性更強，若在野外不小心誤食，嚴重者甚至會致命，可千萬別貪吃。

　　海檬果喜歡生長在海邊，是很好的防風樹種。它的果實為了適應環境，具質輕、纖維質果皮的特性，藉此才可以漂浮在海上四處傳播，許多海岸林植物也有類似的特殊繁殖機制。

　　海檬果的樹形十分優美，每年春至秋季時期，會開出許多白色的花，遠遠看去就像一把綴著點點繁星的花傘，非常漂亮。

海檬果樹形優美，春至秋季開花。

葉叢生枝端，單葉互生。

聚繖花序，花冠白色，中央淡紅色。

高度5公尺	樹形　橢圓形	葉持久性　常綠	葉型 🌿

特徵 常綠小喬木，全株具白色乳汁，有毒，枝幹有明顯的皮目，多分枝，枝輪生。葉叢生枝端，單葉互生，倒披針形，全緣，革質。花頂生，聚繖花序，花冠白色，中央淡紅色，裂片5枚，春至秋季開花。橢圓形核果，初呈綠色，成熟時為紅色，內有種子1顆。

用途 抗風、耐寒，常見於海岸防風樹，亦栽植做園景樹或行道樹。

分布 分布於中國大陸廣東、廣西、海南島，也分布於亞洲和澳大利亞熱帶地區。台灣分布於南部、東部及北部海岸地區。

俗名 山檨仔、海檨仔、海芒果

推薦觀賞路段

海檬果是台灣沿海地區非常容易見到的原生樹種，由於具有海岸防風林的特性，所以很自然被大量利用於綠化栽植，目前全台多處路段皆可發現它的蹤跡。

北：台北市的台北植物園、南港公園、台北車站西北邊天橋下。

中：台中港區、台中都會公園、國立自然科學博物館。

南：高雄市原生植物園，恆春半島墾丁海岸。

東：宜蘭縣冬山河親水公園、羅東運動公園。

橢圓形核果，初呈綠色。

葉倒披針形

核果成熟時為紅色

生態現象

海檬果是珠光鳳蝶偏好的蜜源植物，春夏期間常見成蝶吸食其花蜜。

夾竹桃科 Apocynaceae	*Plumeria rubra* L.	原產地　熱帶美洲、墨西哥

緬梔 Temple Tree

　　緬梔又名「雞蛋花」、「蛋黃花」，是原產於熱帶美洲、墨西哥的外來種。落葉小喬木，全株具乳汁，有毒。單葉簇生於枝條頂端，葉長橢圓形，全緣，葉面平滑，葉脈紋路屬羽狀側脈。每逢6至9月開花，由於開在頂部的5瓣小花花冠，其外部為白色，中心為鵝黃色有如蛋黃，因此俗稱「雞蛋花」。

　　花朵在夏秋間於枝頂抽出，花極香，大而美麗，可提煉香水，據說也可泡茶、炒菜。由於緬梔的樹形優美，花朵典雅大方，所以廣受一般大眾喜愛，在學校、公園及庭院綠化中經常被利用。除了白花品種之外，尚有紅花緬梔、三彩緬梔。

夏秋間於枝頂抽出聚繖花序，大而美麗。

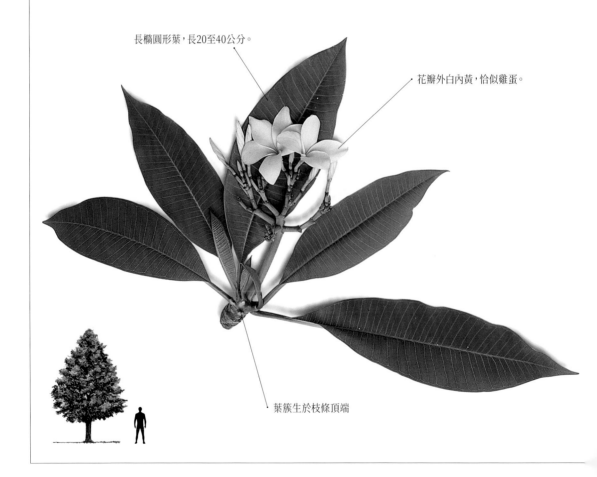

長橢圓形葉，長20至40公分。

花瓣外白內黃，恰似雞蛋。

葉簇生於枝條頂端

高度5公尺	樹形 傘形	葉持久性 落葉	葉型

特徵 灌木至小喬木，高3至7公尺，小枝肥厚，光滑無毛，折斷有白色乳汁流出。葉互生，集於枝頂，稍革質，葉片倒卵披針形至矩圓形，全緣或微波狀，羽狀側脈在近葉緣處明顯連結成網，兩面均光滑無毛。聚繖花序；花冠基部連合成管，外面白色而略帶淡紅色，內面基部黃色，花冠裂片5枚，倒卵形；雄蕊5枚，花絲短與花冠管基部合生。蓇葖果條狀。

用途 庭園景觀樹、盆栽

分布 熱帶美洲多雨地區，中國大陸南部及台灣庭園多有栽培。

俗名 雞蛋花、鹿角樹、番仔花、印度素馨

推薦觀賞路段

北：新北市淡水基督長老教會，台北市的大安森林公園、胡適公園、228紀念公園。

中：台中市國立自然科學博物館，雲林縣台糖虎尾總廠。

南：屏東縣萬巒鄉萬金天主教堂，屏東市歸來地區慈天宮，台南市台南神學院，嘉義縣中正大學。

東：台東縣馬蘭國小。

夏秋間於枝頂抽出聚繖花序，大而美麗。

蓇葖果條狀，黑褐色。

羽狀側脈明顯

生態現象

葉呈長橢圓形，中間翹，尾尖，葉脈清楚，是熱帶雨林常見的特徵，主要目的在快速排水，以免雨水停留在葉片上的時間過長，增加樹木的負擔。

草海桐科 Goodeniaceae	*Scaevola taccada* (Gaertner) Roxb.	原產地　泛熱帶分布

草海桐 Scaevola 原生種

草海桐是泛熱帶分布的海岸植物，分布範圍相當廣泛，從非洲東岸的馬達加斯加島、澳洲、太平洋諸島、東南亞、台灣，至日本都有。台灣產於全島的海岸地區，在海岸珊瑚礁岩與沙灘上生長良好。

草海桐為常綠灌木，枝條粗肥，叢生。全緣的肉質葉片形似湯匙，集中生長在枝條頂端，陽光下閃閃發亮。夏天時，花序自葉腋生出，花的造型十分特殊，半圓形的花冠向下開放，白色的花朵帶著黃斑和紫暈，不尋常的左右對稱，像被頑童撕去一半的殘破花朵，又似年輕女孩被風吹縐的裙襬。花後，生成一粒粒飽滿的小白球果實，多汁而味道甘甜，是海邊小孩的免費零嘴。

草海桐適合生長在高溫、潮濕、陽光充足的環境，是耐鹽、耐風、抗旱性佳的原生樹種，近年來廣受歡迎，許多海岸路段、休閒漁港、濱海遊樂區都選擇種植這樹姿光亮、潔淨的綠化樹種。

草海桐光亮潔淨的樹姿

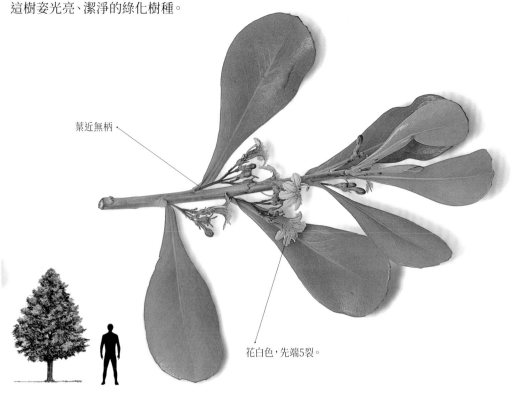

葉近無柄

花白色，先端5裂。

高度3公尺	樹形　灌木狀	葉持久性　常綠	葉型

特徵 常綠亞灌木，莖叢生，枝條粗肥，全株除葉腋外，具
絹絲狀長毛，莖枝葉均平滑。葉近無柄，叢生於枝
條上部，肉質，倒卵形，先端圓，基部漸狹，邊緣略
形反捲，長10至25公分，寬5至10公分。聚繖花序
腋生，苞片狹披針形，對生，基部具叢毛；花白色，
先端5裂，裂片倒卵形，具緣毛，子房下位，雄蕊5
枚。果白色，橢圓形，長0.8公分。

用途 植株優美，耐鹽、抗旱，在沿海地區栽植可防風、定
砂，並作為海岸地區行道樹種。

分布 原產日本、東南亞、太平洋諸島、馬達加斯加島、澳
洲等地；台灣產於海岸地區。

俗名 海草、海蓪草、海桐草、草扉

推薦觀賞路段

北：台北市台北植物園，新北市八里區
　　渡船頭。

南：台南市台17線黃金海岸路段，屏鵝
　　公路台1線恆春路段。

東：花蓮縣秀林鄉和平路段台泥石礦廠
　　附近，綠島環島公路。

先端圓

葉倒卵形

草海桐花朵於夏季盛開

草海桐是泛熱帶分布的海岸植物

生態現象

草海桐表皮披覆著厚厚的蠟質，像是人們在陽光下塗抹防曬油般，不但可以防止陽光的傷害，也可避免海風
帶來的鹽害，並防止水分過度蒸散。另外，草海桐果實也具有海岸植物的特徵，白色的果實很輕，可漂浮在
海上，順著海流開疆拓土，這就是草海桐分布範圍廣泛的主要原因。

第倫桃科 Dilleniaceae	*Dillenia indica* L.	原產地　熱帶及亞熱帶地區

第倫桃 India Dillenia Hondapara

　　第倫桃為半落葉中喬木，原產中國、印度、馬來西亞等地，引進台灣約有百年歷史，目前為全台栽培普遍的行道樹及庭園樹。第倫桃株高可達15公尺。葉片大型有鋸齒，葉脈整齊而明顯，很好辨認。有趣的是，它的果實外面包被著多纖維的肥大萼片，看起來就像一個綠色的大桃子哩！它的萼片肥厚成果實狀，含有多量果膠，可抽出製成果醬或飲料原料，因此在原產地被視為果樹。

　　相對於葉子，第倫桃的花比較小，若不仔細觀察，不太容易看見它那白色的花瓣，往往是從掉落地上的兩三片花瓣，才會知道第倫桃花的模樣。

第倫桃行道樹種植情形

側脈平行非常明顯

著果枝條

高度15公尺	樹形　橢圓形	葉持久性　半落葉性	葉型 🌿

特徵 半落葉性中喬木。單葉互生，披針形，葉端銳而突尖，葉基鈍，葉緣鋸齒，葉面皺摺，葉背面中肋上有毛，革質，側脈平行30至40對，翠綠色，具葉柄，5至10公分長，無托葉，葉長25至33公分。花白色，花期在春、夏季。冬天結果，黃綠色，外皮光滑。

用途 本種樹冠潔淨颯爽，果實碩大誘人，是優美的庭園樹或行道樹種。果實多汁而帶酸味，可為果醬、果汁原料。

分布 中國大陸、印度、馬來西亞、爪哇、菲律賓。目前全台普遍栽植。

俗名 擬枇杷

推薦觀賞路段

北：台北市至善公園、台灣大學校園、台北植物園。

中：台中市中興大學、台中港，台中市台灣省諮議會。

南：雲林縣北港糖廠，高雄市中正國小。

東：花蓮縣富源森林遊樂區。

球形漿果，表面由萼片包裹。

橢圓狀披針形葉，長25至33公分。

冬季結實，果實碩大、顯而易見。

生態現象

第倫桃的果實外面有5片像瓦片般相互疊蓋的結構，那是它肥厚肉質的花萼，是十分特別的特徵。第倫桃性喜高溫多濕環境，適合台灣種植，生育適溫23至32℃。栽培土質以肥沃之壤土為佳。

紫草科 Boraginaceae	*Tournefortia argentea* L. f.	原產地　泛熱帶分布

白水木 Silvery Messerschmidia 原生種

　　白水木是泛熱帶分布的海岸植物,台灣產於南、北兩端的海岸地區,以及蘭嶼、綠島等地。

　　白水木個頭雖不高大,但枝條粗壯,全緣的肉質葉片上附滿絨毛,觸感極佳。白茸茸的大葉片集中生長在枝條頂端,陽光下閃閃發亮。春天時,花序自頂芽冒出,一條條似蠍尾般的捲曲花序排列成聚繖狀,花朵雖細小,造型卻別致,白色或淡粉紅。花後,蠍尾上長出一粒粒剔透飽滿的小珍珠,果實內有空腔,可隨海水漂流,繁衍子嗣。

　　白水木造型特殊,灰褐粗壯的枝幹上披覆白茸茸的大型葉片,無論是生長在台灣北端富貴角的黑色安山岩上或是挺立於南端墾丁的純白沙灘上,都美得像是一幅圖畫。耐鹽、耐風、抗旱的特性令它廣受歡迎,許多海岸路段的行道樹,以及休閒漁港、濱海遊樂區的景觀樹,都不約而同地選擇了這個古意盎然的樹種。

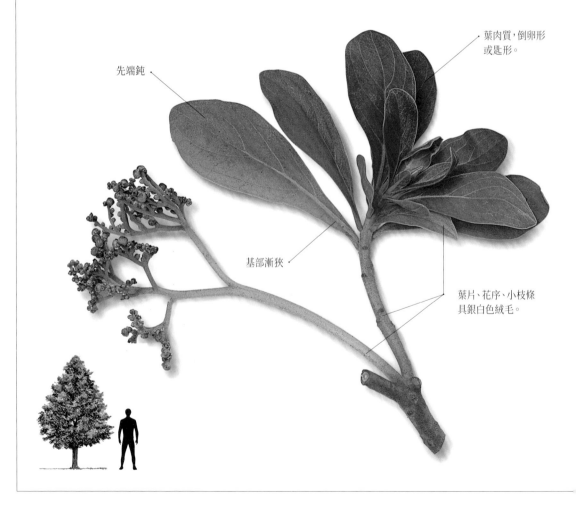

葉肉質,倒卵形或匙形。

先端鈍

基部漸狹

葉片、花序、小枝條具銀白色絨毛。

高度3公尺	樹形　灌木狀	葉持久性　常綠性	葉型 

特徵 常綠喬木，樹皮灰褐色，葉片、花序、小枝條具銀白色絨毛。葉近無柄，叢生於枝條上部，肉質，倒卵形或匙形，先端鈍，基部漸狹，長10至18公分，寬5至6公分。花排成兩叉狀蠍尾形，聚繖花序；花小，雄蕊5枚，子房4室，柱頭2裂。果球形，徑約0.8公分。

用途 植株優美，耐鹽、抗旱，在沿海地區栽植可防風、定砂，並作為海岸地區行道樹種。

分布 原產熱帶亞洲、太平洋諸島、馬達加斯加島、澳洲；台灣產於海岸地區，如富貴角、恆春半島、蘭嶼、綠島、小琉球等地。

俗名 白水草、水草

推薦觀賞路段

北：台北市台北植物園，新北市八里區渡船頭、淡水漁人碼頭。

南：屏東縣墾丁國家公園管理處。

東：台東縣三仙台、太麻里海岸植物園，綠島環島公路。

花排成兩叉狀蠍尾形，聚繖花序。

白水木於春天開花

白水木是泛熱帶分布的海岸植物

生態現象

白水木屬於海岸植物，小枝條、葉片、花序都被有銀白色的絨毛，不但可以防止陽光的傷害，也可避免海風帶來的鹽害，並防止水分過度蒸散。另外，白水木的果實球形，果皮軟木質，內有空腔，可浮在海上隨潮水漂流，尋找另一片陸地以開疆闢土。葉片表面偶爾可以看到黃色帶有黑色斑點的小花斑蝶燈蛾幼蟲。

| 樟科 Lauraceae | *Cinnamomum camphora* (L.) Presl | 原產地　中國大陸、台灣、日本 |

樟樹 Camphor Tree 原生種

　　李時珍《本草綱目》記載「其木理多文章，故謂之樟」。樟樹是台灣主要造林樹種，也是平地常見的行道樹，自古就是國人相當重視且熟悉的樹種。樟樹可提煉樟腦，在台灣清朝至民初時期，是相當重要的出口貨品；二次大戰前，台灣樟腦的產量占全世界樟腦產量的百分之八十與蔗糖、米名列台灣三大出口物品。

　　春天，樟樹換上新葉，花序也悄悄地形成，新芽嫩綠，黃綠花兒微帶清香，形成一片清新景致。可惜花兒細小，常被行人忽略。秋天，一粒粒晶瑩剔透的果實懸掛枝頭，由綠轉紫黑，往往吸引鳥兒取食，惹得滿樹喧鬧。

　　樟樹樹冠大，枝葉全年濃密，為良好之庇蔭樹。萌芽力強，且能吸收噪音，對有害氣體抵抗力強，適合都市環境。壽命長，常長成參天巨木。

台北市中山北路的老樟樹

葉三出脈

高度15公尺	樹形　闊卵形	葉持久性　常綠	葉型

特徵 常綠喬木，樹幹有縱裂溝紋，全株具樟腦香氣。葉革質，互生，全緣，闊卵形或橢圓形，表面深綠，葉背灰白色，三出脈。花黃綠色，圓錐花序腋生，花被6枚，黃綠色。漿果球形，徑約0.5公分，熟時呈紫黑色。

用途 因木質芳香，耐水防蟲，可供做建築、雕刻、箱櫃、農具等材料。將樹幹削成薄片可提煉樟腦丸、樟腦油，初製品再經分餾等程序，可作為賽璐珞工業原料使用，再製成其他產品。

分布 分布於中國大陸、日本、琉球。台灣主分布於中低海拔山區，目前廣泛栽植於全台平地。

俗名 香樟、山烏樟、栳樟

推薦觀賞路段

樟樹是全台最受青睞的樹種，包括苗栗、南投、雲林、台南等縣都選它為縣樹。

北：台北市中山北路、信義路、敦化南北路、和平西路、仁愛路、復興北路、天母東路、至善路。

中：苗栗縣台3號省道大湖至水尾路段，台中市中港路、文心路、黎明路二段、博愛街、懷德街，南投縣台16省道濁水至集集路段。

南：嘉義市嘉義樹木園，高雄市民權路、博愛二路、四維路、七賢路。

東：台東縣鹿野鄉台9號舊省道永德至武陵間。

腺點

樹幹有縱裂溝紋

漿果球形

生態現象

樟樹是台灣分布廣泛且數量頗多的原生樹種，因此有許多的動物都倚賴樟樹生存，例如在樟樹葉片上常可看到白色棉絮狀的物體，那是吹棉介殼蟲，是樟樹常見的病蟲害。此外，還有許多大型鱗翅目昆蟲會吃樟樹葉子，像是紅目天蠶蛾、斑鳳蝶、黃星鳳蝶與青帶鳳蝶。每年秋季，樟樹纍纍的果實是許多鳥類的豐盛饗宴，如白頭翁、紅嘴黑鵯、綠繡眼與其他鶲亞科鳥類。

樟科 Lauraceae	*Machilus thunbergii* Siebold & Zucc.	原產地　台灣全島低中海拔山區

紅楠 Red Nanmu 原生種

　　樟樹是栽培歷史悠久且廣為人知的行道樹，但是你知道嗎，其實同為樟科的植物裡，還有其他適合作為行道樹的栽培樹種，本文主角的紅楠即為一例。

　　紅楠為樟科禎楠屬植物，為常綠大喬木，樹高可達10公尺，且具有濃密的樹冠，花和果實的尺寸小，即使掉落也難對人車造成傷害，因此為優良的行道樹樹種。雖然花果的尺寸不大，但紅楠仍然具有相當的觀賞價值，那就是當它春天來臨，新葉初綻的時期，那時樹上充滿粉紅色的新葉與淡黃色的花苞，相當搶眼，也是紅楠的名稱由來。那麼，豬腳楠的名稱又從何而來呢？答案就是那碩大的冬芽，有如豬腳一般地掛在樹上，看起來有種樸拙感，取名豬腳，其實也頗有意思。

本種的樹冠緻密，具有良好的遮陰及隔音效果。

冬芽紅色而碩大，是其名稱之由來。

高度10公尺	樹形　傘形	葉持久性　常綠	葉型

特徵 常綠喬木，樹高可達10公尺以上，芽鱗覆瓦狀排列，外被金褐色毛。葉互生，常為倒卵形至倒披針形，長7～13公分，寬3～6公分，革質，表面具光澤，葉柄長1～3公分。圓錐花序頂生，花被片綠色。可孕雄蕊9枚，排列為3輪，第4輪為退化雄蕊。子房球形，花柱直，柱頭3裂。果實扁球形，直徑約1公分。

用途 木材可用做建材，根部可作為藥用。

分布 台灣原生種，廣泛分布於全島低中海拔山區，亦見於蘭嶼。本種除台灣外，還分布於中國、日本、韓國及琉球。

俗名 豬腳楠、紅潤楠

推薦觀賞路段

本種廣泛分布於全台低中海拔，尤以北部為多，在很多郊山的步道旁都可以發現本種的蹤跡，栽培者較少見。

北：陽明山國家公園、台北植物園

中：台中都會公園、科學博物館植物園

南：奇美博物館、墾丁國家公園

東：太魯閣國家公園

本種的花序與葉片同時於冬芽中發育

未熟果綠色，成熟後是許多鳥類的最愛。

前年生枝條綠色，葉片革質而有光澤是其鑑定重點。

生態現象

嫩葉為青帶鳳蝶的食草，鳥類則喜食成熟果實。

楊柳科 Salicaceae	*Salix babylonica* L.	原產地　中國大陸

垂柳 Weeping Willow

台北市大安森林公園內的垂柳

柳樹枝條扦插非常容易存活，由「無心插柳柳成蔭」這句話就可知柳樹旺盛的生命力。柳樹生長快速，繁殖力強，其不定根很發達，具有護岸、防浪等水土保持效用，又對二氧化硫的吸收能力強，所以很自然的成為中國庭園山水造景的最佳材料。

柳樹常常被種植在河川、水池旁，除了增添詩情畫意的情境外，更是古代文人雅士描繪的好題材。嬌柔多姿的樹形也常被用來形容女子的身材，從杜牧名句「楚腰纖細掌中輕」，可以想像女子裊裊娉婷的體態恰如柳樹的纖柔巧妙一般，頗富詩意。柳樹成熟的種子帶有長長的羽毛，當輕風拂過，隨風飛舞，形成「柳絮紛飛」的一大美景，所以柳樹是非常具有觀賞價值的綠化樹種。

雖然有這麼多優點，卻因為柳樹屬淺根性植物，栽植時得考慮風向問題，否則很容易遭風災連根拔起。

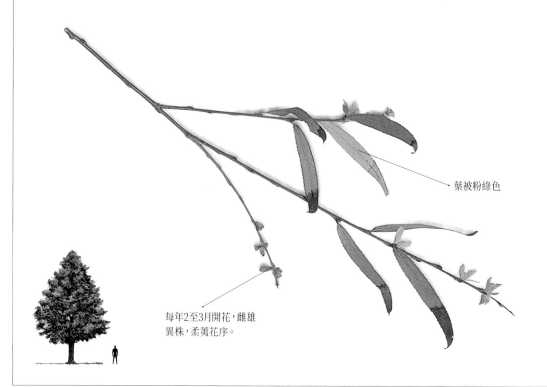

葉被粉綠色

每年2至3月開花，雌雄異株，柔黃花序。

高度10公尺		樹形　垂枝形		葉持久性　落葉		葉型

特徵 落葉中喬木，幹粗大。樹皮深灰色，具縱溝。小枝細長，柔軟而下垂，紅褐色；葉互生，狹披針形，細鋸齒緣，平滑無毛，葉背粉綠色。2至3月開花，雌雄異株，柔荑花序，雄花穗較長，黃綠色。蒴果狹圓錐形，2裂，種子有毛。

用途 為優良之園景樹、行道樹、遮蔭樹。適合栽植於水濱、池畔、河岸、堤防邊，以軟化人工物之堅硬線條，對水土保持亦有效用。木材能製作紙張、火柴棒及家具。樹皮可以提煉阿斯匹靈，莖皮煎水服用，可治風濕骨痛，並有解熱效果。花苞剝落後露出毛茸茸的銀白色花芽，是插花素材。

分布 垂柳性喜潮濕，熱帶至寒帶氣候均能適應，因此世界各都市均有栽培，為國際聞名之樹木。台灣各地普遍栽培。

俗名 柳、垂楊柳、垂絲柳、清明柳、垂枝柳、倒掛柳、水柳、垂柳枝

推薦觀賞路段

垂柳自古以來就是中國庭園最常見的綠化樹種，在台灣也不例外。全台各大公園與校園的水池畔皆可發現它的蹤跡。

北：台北市世新大學、大安森林公園、國父紀念館。

中：台中市中興大學、台中都會公園、精誠路。

南：高雄市左營蓮池潭，台南市延平郡王祠、嘉義公園。

東：花蓮縣鯉魚潭、宜蘭縣冬山河親水公園。

狹披針形葉，細鋸齒緣。

嘉義公園水池旁的垂柳

生態現象

紅擬豹斑蝶的幼蟲喜食柳葉，所以全年皆可見其成蝶圍繞在柳樹旁翩翩起舞。成蝶常會在嫩葉上產下一粒粒淡黃色、有細緻花紋的卵。

大戟科 Euphorbiaceae	*Bischofia javanica* Bl.	原產地　亞洲、澳洲的熱帶及亞熱帶地區

茄苳 Autumn Maple, Red Cedar 原生種

　　茄苳廣泛分布全省平地、山麓，是台灣民眾熟知的樹種。因為樹齡長，常成為樹徑粗壯的大樹。從前的人把大而老的茄苳樹視為神木，在樹幹上綁上紅帶子，成為民間膜拜的大樹公。

　　茄苳樹冠寬闊，老樹幹上常具有瘤狀突起。從遠處觀看，其葉很像一般樹木的單葉；其實它是三出複葉，也就是由3枚小葉組成「一片真正的葉子」。把茄苳葉塞入雞腹中燜煮，就是一道芳香滋補的「茄苳雞」，據說是助消化、促進發育的滋補品。

　　茄苳四季各有風情。春天，新葉初長，茂密的淡綠色小花緊跟著從葉腋下冒出，一片油綠。夏季時，枝繁葉茂，茄苳樹下是最涼爽的庇蔭處。秋天，樹枝上掛滿著一串串黃褐色渾圓飽滿的果實，使枝條低垂。冬天葉片轉紅，飄落，另有蕭瑟之美。欣賞茄苳多變的風采時，需注意茄苳樹肥厚多汁，衣物沾染上不易褪去漬痕，而且皮膚接觸到樹液時，會有紅腫發癢的現象。

春天時，茄苳樹滿樹新綠。

漿果球形

葉細鋸齒緣

高度15公尺	樹形 圓形	葉持久性 落葉	葉型

特徵 半落葉性喬木，雌雄異株。三出複葉，小葉卵形或長橢圓形或橢圓形，細鋸齒緣。圓錐狀花序腋生，小花，淡綠色，無花瓣，雄蕊5枚；雌花序分枝較疏，雌蕊1枚，子房3室。漿果球形，成熟時褐色，內含種子多數。

用途 材質緻密堅韌，可供建築、枕木、橋梁、農具等建材。枝葉茂密，為優良之庇蔭樹且具誘鳥功能。葉片可燉雞食用；果實可藥用或醃漬食用。

分布 中國大陸、印度、馬來西亞、印尼、琉球、澳洲等地；台灣分布於全台平地及山麓地區。

俗名 重陽木、秋楓、胡楊、紅桐、赤木、烏楊

推薦觀賞路段

台東縣卑南鄉台9號省道檳榔至初鹿路段，有一段老茄苳樹構成的綠色隧道，據傳有100年以上的歷史，樹徑巨大，綠蔭夾道，是觀賞茄苳行道樹最好的景點。

北：台北市信義路、大度路、北安路、愛國西路、撫遠街。

中：台中市中港路、台中市立文化中心前梅川河岸綠地，中投快速道路。

南：高雄市大同二路、六合二路、鼓山三路、澄清路。

東：台東縣知本森林遊樂區。

三出複葉

樹皮褐色，常具剝裂。

老葉變紅，亦稱秋楓。

生態現象

春天，茄苳樹冒出新綠的枝枒，茄苳斑蛾的幼蟲也在這個時期破卵而出，灰褐色的身體上長著紅色的肉角狀突起，擬態成鳳蝶幼蟲。成蟲的頭、胸、腹部紅色，一雙披風似黑色的翅膀，神秘大方。不同於其他蛾類晝伏夜行的習性，茄苳斑蛾喜歡白天出現；陽光下，牠的翅膀泛著藍色的金屬光澤，十分美麗。茄苳果實於秋天成熟，茶褐色的漿果鮮嫩多汁，吸引了白頭翁、麻雀、五色鳥、赤腹鶇、白耳畫眉等鳥類前來取食。

大戟科 Euphorbiaceae	*Sapium sebiferum* (L.) Roxb.	原產地　中國大陸

烏桕 Tallow-tree 原生種

　　烏桕相傳來自中國大陸，目前在全台各處平地廣泛分布，山坡上、馬路邊、稻田旁、寺廟前處處可見。烏桕之所以四處遍生，除了結實量大，也因為用途多而廣為人們栽植。中國將烏桕視為作物栽植的歷史已有千年以上，從前的人栽植烏桕主要是為了採收其含蠟的種子，以供製蠟燭用。此外，烏桕材質佳，也是製作各種家具或雕刻的好材料。

　　烏桕不僅用途多，也是令人驚艷又耐看的樹種。菱形別致的葉子，基部有兩顆小眼睛般的腺點，長長的葉柄配上深黑色縱裂的樹皮，活潑中帶著古意。此外，如果想找一株葉片色彩最多變的樹種，秋天時去拜訪烏桕準沒錯，不同於無患子的滿身黃衫或青楓的一樹紅葉，烏桕樹上同時具有紅色、橙色、紫色、褐色、深綠或釉綠色的葉片，有時同一片葉子上還會出現兩種以上的色彩，滿樹繽紛，亮眼炫目。春天時，嫩綠的枝條先端吐出黃綠色細穗狀的花蕊，似乎宣告冬季色彩饗宴落幕，而春季已然到來。

烏桕落葉前的景致

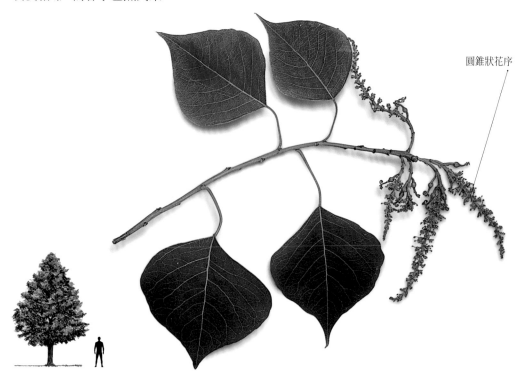

圓錐狀花序

高度6公尺	樹形 橢圓形	葉持久性 落葉	葉型

特徵 落葉喬木,樹皮黑色縱裂。單葉互生,具長柄,葉片菱狀,全緣,先端尾狀漸尖,基部楔形,具腺體1對,冬季變紅。雌雄同株,總狀花序頂生,花單性,雄花每苞約10朵,萼杯形,雄蕊2至3枚,雌花萼深裂,裂片三角形。蒴果球形,背裂成3瓣,中軸宿存。種子近圓形,外被白蠟質假種皮。

用途 木材緻密,加工性良好,為家具及雕刻良材。種子外部具白色蠟質假種皮,可做成蠟燭,黑色的種子可榨油、食用,亦可做肥皂的原料。葉片可提煉黑色染料;樹根為中藥材,據傳有治蛇毒及消腹水等功能。

分布 原產於中國大陸;遍布台灣平地至山麓地帶。

俗名 木蠟樹、椿仔、瓊仔

推薦觀賞路段

北:台北市陽明山、市民大道、陽明大學、金龍湖,北二高龍潭收費站。

中:台中市中港路、文心南路。

東:宜蘭市環河路、健康路。

樹皮縱裂

蒴果球形

成熟時背裂成3瓣

葉片菱形

秋天,烏桕葉片色彩繽紛。

生態現象

盛夏時,北部地區的烏桕樹上可以看見一種長相奇特的昆蟲——渡邊氏長吻白蠟蟲。牠的頭部長長的,末端圓球狀,全身布滿白色的蠟質,造型頗詭異。牠是蟬的近親,但不會鳴唱,經常群集在烏桕樹上。由於其形狀特殊,從前常被捕捉製成標本,供人觀玩;現今已列為珍貴稀有保育類野生動物,不得任意捕捉。

此外,常可看見螞蟻取食烏桕葉片腺點上的蜜汁,若有別的昆蟲來,螞蟻會群起攻之。螞蟻吸食蜜汁,而樹木受到保護,形成一種互利共生的現象。

藤黃科 Guttiferae	*Garcinia spicata* Hook f.	原產地　琉球、南洋

福木 Common Garcinia

　　福木樹形雖不高大，但樹幹通直、常年青翠碧綠，廣受喜愛。在日本，許多人會在門前栽植此樹，或在寺廟庭園中種植，有吉祥之意，亦顯靜謐莊嚴之感。

　　福木生長速度緩慢，樹冠不擴張，不需經常修剪，且少落葉，可免於掃地，不須經常維護管理，卻常保蒼翠姿容。春季時，福木葉腋間開出細小的黃白色花朵，花後結成果實。秋天，成熟的金黃色球形果實掛滿樹，圓潤光亮，一副秀色可餐的模樣，不過因有異味，乏人問津。

　　福木適合生長在高溫、日照充足的環境，因其抗旱、抗風、耐鹽，為優良之海岸行道樹。栽植成林時，具有防風林以及隔絕噪音的功能。

高速公路泰安休息站的福木

花瓣小型，黃白色。

葉有柄對生

高度5公尺	樹形　橢圓形	葉持久性　常綠	葉型

特徵 常綠喬木，樹形圓錐形，樹幹通直，樹皮厚，黑褐色，小枝方形。葉有柄，對生，革質，闊橢圓形，先端圓鈍，表面暗綠色有光澤，背面黃綠色。花雜性，萼片5枚，花瓣5枚，黃白色。核果球形，熟時黃色。種子3至4粒。

用途 為優良之防風樹種，可栽植為盆景、行道樹、庭園樹或防風林。木材緻密堅硬可供建材用；樹脂可為黃色染料，亦供藥用。

分布 原產印度、菲律賓、琉球等地；台灣各地普遍種植。

俗名 福樹、菲島福木、金錢樹

福木是象徵吉利的樹種

推薦觀賞路段

北：台北市的建國南路、台北植物園、台灣大學校園。

中：中山高速公路泰安休息站。

南：嘉義市嘉義樹木園，高雄市高雄都會公園、中華三路、高雄市立文化中心、澄清湖，屏東縣台1號省道潮州至枋寮路段。

東：宜蘭縣台2號省道北關路段，花蓮市民權路。

闊橢圓形，革質，先端圓鈍。

未成熟的核果

福木的樹冠為圓錐形

漆樹科 Anacardiaceae	*Mangifera indica* L.	原產地　熱帶及亞熱帶

芒果 Mango

　　芒果的名字來自印度南部的泰米爾語。相傳數百年前，印度人最先發現芒果樹，野芒果樹的果實不好吃，後來經過印度人栽培選種，最後才培育出香甜好吃的芒果。夏天，吃著黃橙橙而且香甜多汁的芒果，是最棒的享受；它富含水分、纖維質、礦物質及維生素A、C、B1、B2等營養，是一種健康又消暑的水果。

　　芒果樹耐污染，抗病性強，在台灣中南部常可見芒果樹形成的綠色隧道。夏秋果熟期，鄉下小孩最愛搖芒果樹或拿長竹竿打芒果。不過芒果是漆樹科熱帶果樹，若將其枝、葉折斷，會流出白色或透明膠狀乳汁，易引起皮膚過敏、發癢，接近時需小心。

台北市中華路和平醫院前的芒果行道樹

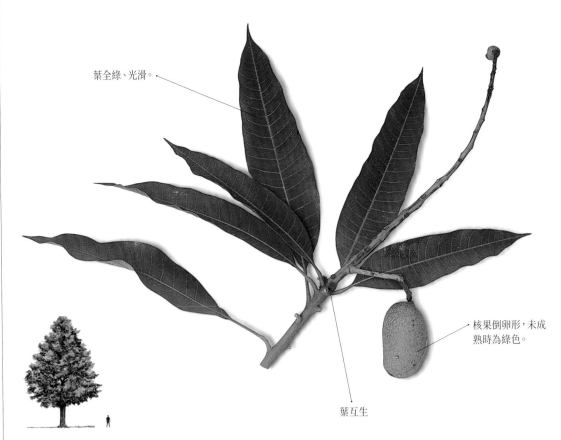

葉全綠、光滑。

核果倒卵形，未成熟時為綠色。

葉互生

高度15公尺	樹形　橢圓形	葉持久性　常綠	葉型

特徵 常綠大喬木，樹冠呈傘形或卵形，樹皮灰褐色。嫩葉暗紫色而老葉暗綠色，叢生於枝頂，葉互生，披針形，全緣，光滑。春天開花，圓錐花序頂生，花小，每個花序含數百個小花，黃褐到紅褐色。核果倒卵形，成熟時為黃綠色或黃色，果肉為黃或橙黃色，可食，種子為扁圓形，內含種仁1枚。

用途 生長強健、葉茂密，是優良的行道樹、庭園樹或可栽培為果樹。果實可生食，也可製成蜜餞、果汁、罐頭等。樹皮與樹葉可提製黑色染料。木材可製造家具及箱櫃等。

分布 主要分布於印度、馬來西亞、緬甸地區。本種在台灣各地普遍種植為果樹及行道樹，中、南部低海拔地區尤多。

俗名 樣仔、檬果、菴羅果、蜜望子

推薦觀賞路段

芒果是台灣中南部常見的行道樹，有些鄉鎮如台南玉井、南化等，更以出產生鮮芒果聞名，是台灣鄉村庭院最常見的綠化果樹。

北：台北市中華路、基隆路、和平東路。

中：新竹郊區道路。

南：台南區的歸仁、柳營、玉井地區。

東：花蓮及台東郊區道路。

葉披針形

春天開花，圓錐花序頂生。

台南官田渡仔頭地區的芒果行道樹景觀

生態現象

芒果的花朵主要由麗蠅授粉，所以果農常在芒果樹下放臭掉的魚和肉，以吸引麗蠅。台北地區因花期正逢雨季或欠缺麗蠅授粉，不易結果，但仍適合作行道樹。果實蠅則是芒果的剋星，會使芒果腐爛。

夾竹桃科 Apocynaceae	*Alstonia scholaris* R. Br.	原產地　泛熱帶分布

黑板樹 Palimara Alstonia, Devil tree

　　黑板樹為引進栽培種，是夾竹桃家族的成員。樹幹呈黑灰色，幹皮上布滿了白白的皮孔，很多人都以為那是黑板樹生病了，其實那只是黑板樹樹皮的通氣孔罷了。黑板樹樹枝以輪生的方式向四面八方伸展，連葉片也是輪生在樹梢，所以樹幹顯得相當整齊獨特，老遠就可認出；也因其樹形挺拔，許多行道路都選擇栽種黑板樹。

　　夾竹桃科的植物樹皮一旦受傷就會分泌白色乳汁，若接觸到乳汁，皮膚會產生搔癢感。黑板樹開花時不明顯，等到一條條如菜豆的果實掛滿樹梢，自然就會引人注意了。由於它的果實像麵條般細細長長，所以又有人稱之為「麵條樹」。

果實下垂狀，30至60公分。

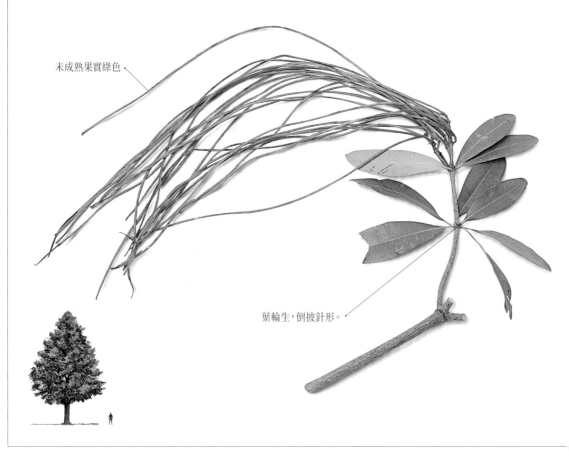

未成熟果實綠色

葉輪生，倒披針形。

高度15公尺	樹形　層塔形	葉持久性　常綠	葉型

特徵 落常綠大喬木，樹幹筆直，樹皮灰黑色，折之有白色乳汁，有毒。枝條輪生，呈水平狀，層層而上。掌狀複葉，有4至10片的輪生葉，倒披針形，全緣。春末夏初開綠白色小花，花期2周，有淡辛香，聚繖花序，並不顯眼。果實細長形，成熟為淡褐色，自兩邊裂開，種子有淡褐色細毛，靠風傳播。

用途 極受歡迎的庭園觀賞樹及行道樹，樹幹材質輕軟，可用來製作黑板、茶箱、合板等，用途相當廣泛。

分布 本屬植物約有43種，產於印度、馬來西亞、菲律賓、爪哇、熱帶澳洲、非洲及西太平洋。1943年台灣引進本種作為行道樹之用。黑板樹喜歡高溫多溼的環境及排水良好的通風場所，台灣全島平地及低海拔地區都有栽植。

俗名 乳木、象皮木、麵條樹

推薦觀賞路段

黑板樹是台灣校園及公園綠地常見的綠化樹種，在全台多處大專院校及大型公園皆可發現它的蹤跡。

北：台北市台灣大學校園、台北植物園、大安森林公園。

中：台中市中興大學校園。

南：高雄市新莊仔路、華夏路、翠華路、宏平路、大豐二路，嘉義大雅路。

東：台東大學。

樹皮黑色，有縱列細紋。

葉長20公分，30至60對平行羽狀側脈。

遠觀時，黑板樹的樹葉層次分明（嘉義大雅路）。

生態現象

黑板樹是夾竹桃天蛾、綠翅褐緣野螟等昆蟲的寄主植物之一。綠翅褐緣野螟會吐絲綴葉，把自己包在捲成煙筒狀的葉片中。夾竹桃天蛾對黑板樹苗木影響較大，反而較少危害大樹。如有機會，不妨仔細觀察夾竹桃天蛾逐齡變色的生態變化，不失為一項有趣的自然教材。

薔薇科 Rosaceae	*Prunus campanulata* Maxim.	原產地　中國大陸華南、台灣、日本琉球

山櫻花 Taiwan Cherry 原生種

　　談到櫻花，大家可能會聯想到日本的櫻花季。每年1、2月間，台灣山區也可以看見嫩白、粉紅的花朵掛滿枝頭，纖柔的花瓣迎風飛舞和滿地落花交織成花海般的浪漫景象。山櫻花是早春的主角，光禿禿的枝幹在新葉未長之前，就花開滿樹，將山景妝點得嫣紅綺麗。葉片則要等到花期快結束時才長出來，繁花落盡前，稀疏的花影伴隨著嫩綠的新葉，別有一番清新景象。

　　山櫻花枝幹褐色，具金屬般光澤，稀疏散布著橫向開裂的皮孔。葉片長橢圓形或卵形，重鋸齒緣，先端突尖，葉基部或葉柄上有一對腺體。葉柄基部有一對如羽毛般的美麗托葉。花緋紅或暗紫紅色，鐘狀漏斗形。山櫻花的果實像櫻桃，成熟時紅色或紫黑色，可食，但味道多苦澀。

早春的陽明山是欣賞山櫻花的好地方

　　山櫻花是台灣固有的名花，因觀賞性高，生長快，栽培容易，近年來各地大量栽植，不過它對空氣污染的抗性較弱，因此多栽植於山區。

花苞

花萼鐘形

花3至5朵，叢生為繖形花序。

高度3公尺	樹形　不規則形	葉持久性　落葉	葉型

特徵 落葉喬木，樹皮茶褐色具光澤。單葉互生，長橢圓形或卵形，重鋸齒緣，葉柄基部具羽狀托葉一對。花3至5朵叢生為繖形花序；萼鐘形，紅色，先端裂為5片；花瓣5枚，緋紅或暗紫紅色，橢圓形，先端凹，雄蕊20枚，雌蕊1枚。核果橢圓形，成熟時紅色或紫黑色。

用途 主供觀賞，為鳥類食餌植物。木材桃紅或褐色，帶綠或黃色線紋，是雕刻的上等材料。樹皮可作裝飾，果實可醃漬食用或釀酒。

分布 台灣原產於中北部海拔500至1500公尺闊葉樹林內，陽明山、霧社、盧山、阿里山、溪頭、八卦山等地均有種植，全台各地家庭園藝亦有零星栽培。

俗名 山櫻桃、緋寒櫻

推薦觀賞路段

北：台北市捷運關渡站至忠義站沿線、陽明山公園、北宜公路。

中：台中市立文化中心前梅川河岸綠地、五權西二街，台21線公路新中橫公路，以及霧社往玉山路段，台14線公路埔里往霧社路段。

南：高雄市藤枝森林遊樂區，南橫公路梅山路段，嘉義縣阿里山森林遊樂區。

東：宜蘭縣棲蘭森林遊樂區，中橫公路埔里至霧社路段及關原至慈恩路段。

樹皮茶褐色，具環狀皮孔。

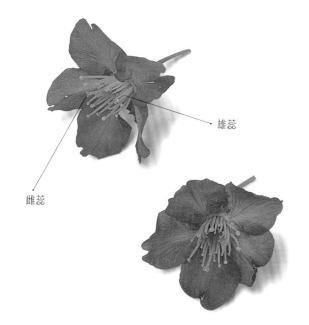

雄蕊

雌蕊

春末果實成熟

生態現象

山櫻花盛開時，懸垂向下的花朵富含蜜液，吸引成群的蜜蜂、鳳蝶與野鳥前來覓食。在中海拔山區，頂著龐克頭的冠羽畫眉，輕巧地在山櫻花的枝條間跳躍或倒掛著吸食花蜜，模樣十分可愛。紅熟後變紫的果實也可供野鳥食用，這時常可見冠羽畫眉、白耳畫眉、繡眼畫眉、紅頭山雀、青背山雀、綠繡眼等鳥類穿梭於樹叢間，好不熱鬧。

| 薔薇科 Rosaceae | *Prunus persica* (L.) Strokes | 原產地　中國大陸 |

桃 Peach

　　桃原產中國，栽植歷史悠久。《詩經》中即有「桃之夭夭，灼灼其華」來稱讚桃花艷容的詩句。桃性「早花易植」，栽種3年即可開花結果，且花色媚艷，自古以來桃花便是陽春、愛情與婚姻的象徵。據傳桃木有驅鬼辟邪的法力，民間將桃枝製成桃杖、桃人、桃弓、桃符等作為辟邪寶器。桃實則有吉祥和長壽的象徵。

　　桃花的美麗，雖為人們所稱頌，卻也曾落得「妖客」之謔稱。桃花何辜，自古容顏未改，卻被人賦予各種不同的形象。不管人們對它的看法如何，每年3月時節，桃花總是燦爛地開著。

　　桃、梅、山櫻花都是台灣山區常栽植的薔薇科樹種，它們的形態相似，葉片都是細鋸齒緣，葉形卻頗為不同。桃的葉片最細長，山櫻花多為長橢圓形，葉較大；而梅樹的葉子較小，多為卵形，先端帶著長長的尾巴。此外，在開花時節也可以用花色來區別，桃花多淡紅色，山櫻花是緋紅或暗紫紅色，梅花多為白色。一般來說，梅花先開，而後山櫻花，桃開花的時間最晚。

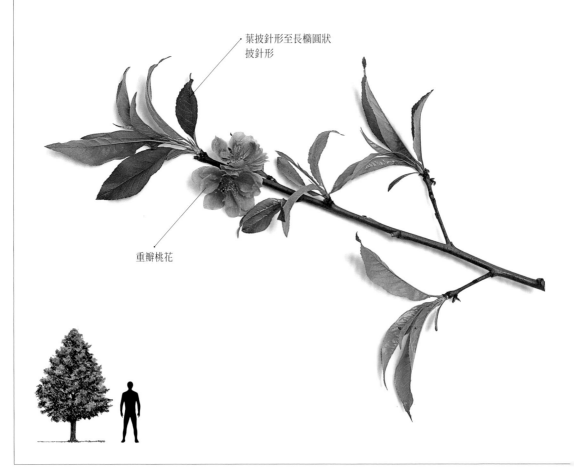

葉披針形至長橢圓狀披針形

重瓣桃花

高度3公尺	樹形　不規則形	葉持久性　落葉	葉型

特徵 落葉喬木，樹皮與枝條光滑。單葉互生，披針形至長橢圓狀披針形，先端漸尖，細鋸齒緣，托葉披針形。花單立或雙出，萼倒圓錐形，花瓣5枚，倒卵形，淡紅色，具芳香。核果歪球形。

用途 溫帶果樹，亦栽植供觀賞。木材可製小型器具及玩具。核仁有鎮咳、去痰等功能。花有消腫、去面皰等作用。

分布 原產中國大陸，世界各地廣為栽培。

俗名 毛桃、白桃

推薦觀賞路段

北：台北市陽明山公園、台北植物園、木柵杏花林。

中：南投縣惠蓀林場，台中市溪頭森林遊樂區。

南：高雄市扇平森林遊樂區、桃源鄉、梅山，南橫沿路。

東：花蓮縣太魯閣國家公園。

核果歪球形

花淡紅色，花瓣5枚，倒卵形。

暮春3月艷麗的桃花

生態現象

許多薔薇科的植物在葉子的基部會有一對中間凹陷的突起，這種構造在植物學上稱為腺體，山櫻花、梅與桃等樹種的葉片上都可以找到腺體。腺體常會分泌具有糖分的蜜液吸引螞蟻，螞蟻採食蜜液的同時也會趕走取食該類植物葉片的昆蟲，這是植物與動物間共同演化的例子。有機會不妨留意這有趣的現象。

豆科 Fabaceae	*Bauhinia×purpurea* L.	原產地 香港

艷紫荊 Hong Kong Orchid Tree

　　艷紫荊是羊蹄甲和洋紫荊的天然雜交種，花大艷麗，外形很像洋紫荊和羊蹄甲，其最大的差別在於花、葉都比較大型。艷紫荊有5個雄蕊和羊蹄甲相同，洋紫荊則有3或4個雄蕊；艷紫荊花瓣紫紅色，羊蹄甲花淡紅色。由於艷紫荊為多倍體，開花後不結實，所以如果想種植這種美麗嬌艷的樹種，常須在羊蹄甲植株上嫁接或用扦插法、壓條法繁殖。

　　艷紫荊的花形、花色如洋蘭般雍容瑰麗，花期極長，盛開時如櫻花般僅見滿樹繽紛，因此又稱為「香港蘭花樹」或「香港櫻花」。秋冬季節，許多樹木的葉子紛紛飄落，艷紫荊卻以艷麗的姿態迎接寒冬的到來。艷紫荊最早發現的產地在香港，九七之後，香港特區旗幟上代表香港的花就是艷紫荊。

艷紫荊常於秋冬開花

總狀花序

高度5公尺	樹形　不規則形	葉持久性　落葉	葉型

特徵 常綠喬木，枝條擴展下垂，葉互生，紙質，全緣葉面光滑，先端深凹裂，總狀花序頂生或腋生，花瓣5枚，艷紫色，龍骨瓣有紫紅條紋。不結實。

用途 花大艷麗，為優美之庭園及行道樹種。

分布 艷紫荊是羊蹄甲和洋紫荊的天然雜交種，最早發現的地點在香港。

俗名 香港櫻花、香港蘭花樹

推薦觀賞路段

1956年被選為香港市花。

北：台北市台北植物園，北二高關西休息站，新竹市大聖森林遊樂區。

中：中山高速公路泰安休息站，中投快速道路，台14號省道草屯至埔里路段，台21號省道魚池路段。

南：嘉義市嘉義樹木園，高雄市十全路、博愛路、凱旋一路、同盟三路、河西一路、育誠路，高雄市184縣道六龜路段，以及屏東縣台1號省道潮州至枋寮路段。

東：宜蘭縣蘇澳路段，花蓮縣台9號省道壽豐路段。

花瓣5枚，艷紫色。

艷紫荊葉緣先端較羊蹄甲尖

雌蕊

雄蕊

嘉義市區的艷紫荊行道樹

生態現象

艷紫荊通常以嫁接方法繁殖，一般會將艷紫荊枝條嫁接在羊蹄甲樹上，這種情況下可能會出現羊蹄甲的樹身生長較快，而艷紫荊的枝條生長較慢的情況；也可能出現枝條上長出艷紫荊的葉，樹身長出的卻是羊蹄甲的葉。嫁接技術好的園丁可以使同一棵羊蹄甲樹上長出數種羊蹄甲類植物的枝條，使樹冠上掛滿不同顏色的花朵。

豆科 Fabaceae	*Bauhinia variegata* L.	原產地　印度

羊蹄甲 Orchid Tree, Mountain Ebony

羊蹄甲原產於印度，因葉片先端深裂，形狀像羊蹄而得名。花盛開時，全株葉少花多，遠望似櫻花，所以又被稱為南洋櫻花；也因為花色艷麗，形如洋蘭，所以英文稱它為蘭花樹。

羊蹄甲的葉形具特殊美感，剛長出來的新葉左右兩側向中央對折成癒合狀，隨著葉片逐漸長大，慢慢張開，像是原本緊閉雙翅的綠蝴蝶，張翅飛翔。它的葉脈很深，拿一張紙蓋在羊蹄甲的葉子上，再用蠟筆在紙上塗一塗，就可以變成一張漂亮的拓印圖畫。

羊蹄甲是庭園美化優良樹種，樹性強健，扦插或播種繁殖都相當容易，適合生長在土壤排水良好、陽光充足的地方。只要在秋末花苞結成之前施以花肥，春天來臨時，就可以欣賞滿樹似錦繁花。

羊蹄甲樹影稀疏

英果扁平

高度5公尺	樹形　不規則形	葉持久性　落葉	葉型

特徵 落葉喬木，單葉互生，葉心形，全緣，先端深凹
裂，革質，表面光滑。短總狀或繖房花序腋生，花
瓣5枚，粉紅色，有紅及黃色斑，瓣柄狹長，雄蕊5
枚。莢果扁平，長約15至30公分。

用途 優美之庭園及行道樹種

分布 原產印度，熱帶地區多有栽植，台灣平地常見。

俗名 蘭花樹、南洋櫻花

推薦觀賞路段

北：台北市台北植物園。

中：台中市華美二街，台中市清水區中山
　　路，中山高速公路泰安休息站。

南：嘉義市嘉義樹木園、高雄市小港機
　　場、九如路、鼎金後路、鼓山三路。

開花枝條

雄蕊5枚

雌蕊

羊蹄甲花色較艷紫荊淡，為粉紅色。

葉先端較圓

生態現象

陰雨綿綿，乍暖還寒的春天裡，羊蹄甲繁花滿樹，在風中散播著淡雅的清香，吸引了無數的蝴蝶、蜜蜂等昆
蟲採食花蜜。這時也是白頭翁忙碌的季節，不停在羊蹄甲花叢間跳躍、穿梭或捕食被花香吸引而來的昆蟲，
偶爾也會啄食羊蹄甲的花瓣。

| 豆科 Fabaceae | *Samanea saman* Merrill | 原產地　熱帶美洲、西印度群島 |

雨豆樹 Rain Tree

　　雨豆樹原產於南美洲，由於生長快速，樹形高且優美，所以早期就被大量引進台灣作為綠化樹種。夏天時，它那粉撲一樣可愛的粉紅色花，經常引起大家關愛的眼光。秋冬落葉前，葉子先逐漸變黃，然後再翩然隨風飄落，像下著一陣陣金黃色的雨，別有一番感受。

　　雨豆樹還有一個非常有趣的生態現象，就是每當下雨之前，因為水氣飽和的關係，葉子總會紛紛閉合起來，彷彿是在預告快下雨了或許這就是它的名字中有個「雨」字的原因吧！

　　雨豆樹的遮蔭保濕效果極佳，昔日糖廠為防止甘蔗水分蒸發，多選擇種植雨豆樹，目前在一些台糖的老廠房內都還可見到樹齡較大的雨豆樹。

雨豆樹樹幹模樣

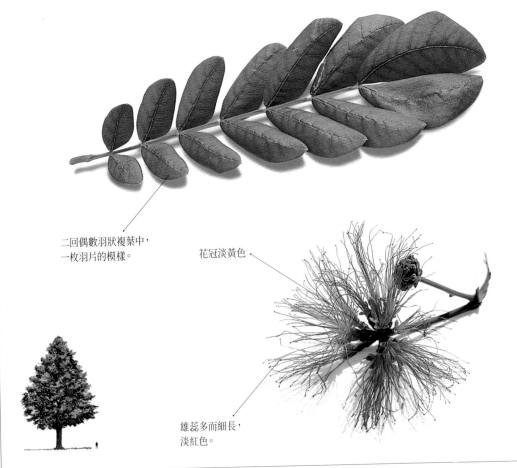

二回偶數羽狀複葉中，
一枚羽片的模樣。

花冠淡黃色

雄蕊多而細長，
淡紅色。

高度20~25公尺	樹形　傘形	葉持久性　落葉	葉型

特徵 落葉大喬木，樹幹粗大，樹皮粗糙而有龜裂；具開展之枝，小枝有絨毛。二回偶數羽狀複葉，卵形，小葉對生，長橢圓形，表面滑澤，背有絨毛。春至秋季開花，頭狀花序於枝端腋出，花冠淡黃色，雄蕊多而細長，呈球形，淡紅色，很像粉撲。木質莢果長15至20公分，表面光滑，扁平或略圓柱形，成熟時為黑色。

用途 樹冠很大，樹形優美，是很好的庭園樹、行道樹。心材褐色，為家具、雕刻良材。

分布 喜高溫多濕、日照充足的環境，主要分布於熱帶及亞熱帶地區。

俗名 粉撲樹

推薦觀賞路段

雨豆樹是台灣常見的行道樹，尤其在氣候燠熱的南台灣更是易見，其他各大專院校也可發現它的蹤跡，可說是相當普遍的樹種。

北：台北市台北植物園、大直國小。

中：台中市中興大學。

南：高雄市愛河旁、澄清湖、大順路、武廟路、輔仁路，屏東公園，高雄市橋頭糖廠。

東：東華大學美崙校區。

木質莢果，長15至20公分，扁平或略圓柱形。

雨豆樹的樹冠大，樹形優美，是很好的行道樹。

春季開花，頭狀花序於枝端腋出。

生態現象

雨豆樹的葉子到了晚上會閉合起來，整個葉柄猶如含羞草被碰觸而垂下，等到白天葉片又會打開，很神奇吧！有機會遇見雨豆樹時，可要仔細觀察一下。

豆科 Fabaceae	*Pongamid Pinnata* L.	原產地　熱帶亞洲、澳洲

水黃皮 Poonga-oil Tree　原生種

　　水黃皮葉子翠綠油亮，因常生於水邊、海濱，加上葉形似芸香科的黃皮，故名「水黃皮」。它的根系發育健全，深入地中，能防強風，故有「九重吹」之稱，又因其抗旱、抗鹽、抗空氣污染力強，有密集繽紛的花序和優美的樹姿，常用於庭園樹、行道樹、防風林栽植，為台灣特有之優良海岸樹種。

　　水黃皮的葉生長茂盛，往往重壓枝條，使枝條下垂生長。葉子揉搓後有臭味，所以又叫臭腥仔。一年有春、秋兩次花期，紫色的蝶形小花邊開邊凋落，通常一棵水黃皮的花期都只有兩個禮拜左右，一下雨就把花瓣都打落了。花朵凋謝後，會長出很特別的果莢，形狀似又扁又寬又大的四季豆。

莢果扁平，長6公分。

一回奇數羽狀複葉，小葉對生。

高度8公尺		樹形　傘形		葉持久性　落葉		葉型

特徵 半落葉小喬木，一回奇數羽狀複葉；小葉對生，5至7
枚，長6至10公分。腋生總狀花序較短，蝶形花冠，淡
紫色，徑約2公分，各瓣基部癒合；雄蕊單體。莢果扁
平，長6公分，成熟不開裂，木質化；內含種子1枚。

用途 優良的防風樹種、行道樹、庭園綠蔭樹。水黃皮的木
材質地緻密，過去台灣農家把它的木材拿來製作牛
車車輪和農具，非常堅固耐用。種子可榨油，外用可
治皮膚病；樹皮含丹寧，可做鞣皮染劑；葉可充綠肥
或飼料等。水黃皮全株有毒，以種子和根部的毒性較
大，因此舊時會將種子拿來做催吐及毒魚等用途。

分布 分布於印度、馬來西亞、中國大陸廣東、台灣、菲律
賓、琉球、北澳洲。為台灣全島海岸林組成份子之一，
亦產於小琉球、蘭嶼。

俗名 九重吹、水流豆、臭腥仔、烏樹

推薦觀賞路段

水黃皮由於具有抗高污染的特性，目
前已是常見的行道樹，在都市中很容
易見到。

北：台北市濟南路、安和路、中央研
　　究院。

中：新竹科學園區。

南：高雄市公園路、林森路、市中一
　　路，屏東縣墾丁國家公園。

東：花蓮及台東市區，宜蘭縣羅東運
　　動公園。

淡紫紅色腋生總狀花序

開花模樣

水黃皮行道樹種植情形

生態現象

光看水黃皮的名字中有個「水」字，就知道它是生長在水邊的植物。為了繁衍後代，水黃皮有適應環境的法
寶，其刀狀木質化的扁平莢果中間微凸，落地後遇水漂浮並不下沉，然後隨波逐流，直到遇見適當環境才會
著地萌芽。

木棉科 Bombacaceae	*Chorisia speciosa* St.Hill.	原產地　巴西、阿根廷

美人樹 Floss-silk Tree, Majestic Beauty

美人樹為落葉喬木，遠望似木棉，但仔細比較就可以觀察出兩者的差別。木棉枝幹通直粗狀，美人樹較細柔且略為彎曲；兩者樹幹基部均膨大而著生棘刺，但通常美人樹的樹皮較綠，棘刺較少；且美人樹的小葉具細鋸齒緣，木棉小葉全緣。

木棉樹姿挺拔，俗稱英雄樹，而美人樹則得名於其嬌艷動人的紫紅色花朵。美人樹原產南美洲熱帶，1967年引入台灣本省，高雄市的聯外道路多列植木棉與美人樹，有英雄、美人夾道迎賓的意思。

秋天時，美人樹落盡一身綠葉，長出綠色圓球形的花苞，約彈珠大小，模樣秀麗可愛。幾天之後，綠色的小圓珠開展為艷麗的紫紅色花朵。花朵盛開時，滿樹嫣紅妊紫。花後結成橢圓形大型果實，成熟時開裂成5瓣，種子藉著長長的綿毛隨風散布。

美人樹花朵於早春盛開

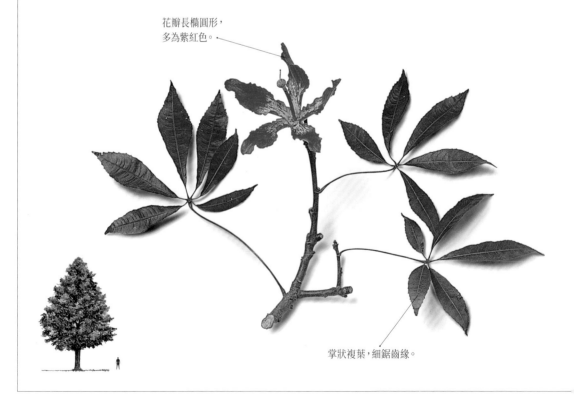

花瓣長橢圓形，多為紫紅色。

掌狀複葉，細鋸齒緣。

高度15公尺	樹形　層塔形	葉持久性　落葉	葉型

特徵 落葉喬木；主幹直立，有瘤刺，側枝輪生。掌狀複葉，互生，小葉5至7枚，長橢圓狀倒披針形，細鋸齒緣，先端銳尖，基部銳。花腋生，短總狀花序，2至3小苞，萼杯狀，2至5齒，花瓣長橢圓形，紫紅色、紅色、偶白色，蕊柱先端5裂，各具1花葯。蓇果橢圓形，木質化，成熟時開裂。種子多數，密生綿毛。

用途 常栽植為庭園樹或行道樹。種子棉毛可當枕頭、坐墊、沙發等填充材料。

分布 原產巴西、阿根廷，台灣各地零星栽植。

俗名 絲綿樹、酩酊樹

推薦觀賞路段

北：台北市建國南路、環河北路、木柵路、捷運淡水線北投站。

中：台中市五權南路、賴明公園，台中市清水區中山路，台14號省道草屯至埔里路段。

南：雲林縣156縣道崙背路段，嘉義市大雅路，嘉義縣157號縣道安和至蒜頭路段，高雄市小港區沿海一路、同盟路一號公園、民族一路，高雄市鳳山中正公園、澄清湖。

東：台東市台9號省道知本路段。

種子密生綿毛

蓇果橢圓形，成熟時開裂。

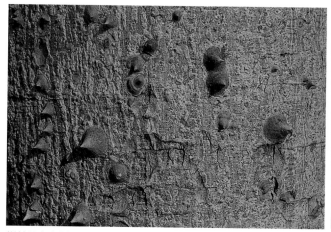

樹幹具有瘤刺

美人樹滿樹嫣紅妊紫

生態現象

植物的花朵有諸多變異，我們可以觀察植物花朵的構造，去了解它的授粉方式。美人樹的花朵艷麗，且相當大型，厚實的花瓣可避免機械性的傷害；花葯中具有大量的花粉，可以吸引動物。在原生育地，美人樹便是藉由蝙蝠授粉。

杜鵑花科 Ericaceae	*Rhododendron* sp.	原產地 北半球溫帶地區

杜鵑 Rhododendron, Azalea, Indian Azalea

　　杜鵑花名列世界三大名花之首，更是中國十大名花之一，可以說是家喻戶曉的植物。杜鵑能夠耐貧瘠，又能抵抗噪音和污染，所以常見於公園、校園中或路邊。每年到了3、4月，妊紫嫣紅的各色杜鵑爭奇鬥艷，有時花團完全掩蓋了枝葉，讓大地充滿奔放、活潑的春天氣息。在自然的山林裡，杜鵑花經常開得滿山遍野，所以又名「滿山紅」或「映山紅」。

杜鵑盛開景觀

　　一般杜鵑喜歡涼爽的氣候，所以在台灣北部生長較佳，中南部地區宜種在陰涼或半日照的地方。杜鵑中的許多種類非常耐寒，不但根系淺薄，而且偏愛酸性土壤，加上種子又小又多，能夠在土壤稀少的崖壁或岩石縫隙中生存。若在強勁的風吹下，植株會變得低矮，葉片也會變得既小又薄，植物適應環境的能力可見一斑。

　　雖然杜鵑嬌艷迷人，但全株都有毒性，若不小心誤食，會產生惡心、嘔吐、血壓下降、呼吸抑制、昏迷及腹瀉等症狀，所以還是不要隨便攀折才好。

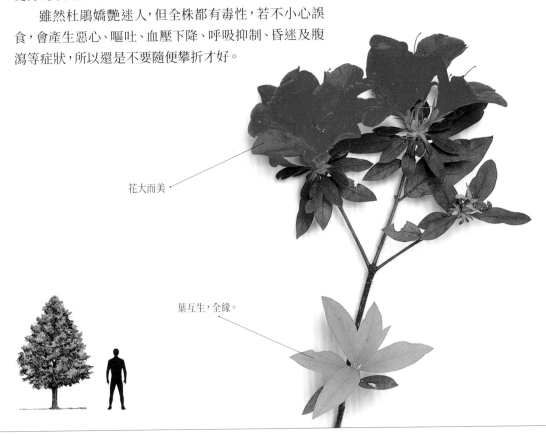

花大而美

葉互生，全緣。

高度3公尺		樹形　灌木狀	葉持久性　常綠或落葉	葉型　✂

特徵 常綠或落葉性灌木，葉形多變，橢圓形、卵圓形、披針形、三角狀卵形等；互生，全緣，有些被有密度不一的毛茸，有些則光滑無毛；葉片大小、厚薄、質地等亦極富變化。春至夏季開花，花冠漏斗形、鐘形、管形等；花形、花序及花色均有各種變異；單瓣梗較易結蒴果，種子細小。全株有毒，花、葉毒性較強。

用途 觀賞用，為盆景、庭園花壇及切花之上好材料；未開花時，也是很好的綠籬樹種。花果入藥，為鎮痛劑、利尿劑、驅蟲劑等，有些花亦可食用。

分布 原生地分布很廣，包括北半球的溫帶、亞熱帶及寒帶地區，中國大陸分布最多。台灣各地均有栽植和野生者，極為常見。

俗名 滿山紅、映山紅、躑躅、山躑躅、紅躑躅、山石榴

推薦觀賞路段

杜鵑花是台灣常見的行道樹及庭園綠化樹種，在北台灣四處可見，陽明山的花季及台灣大學的杜鵑花季，它都是不可或缺的主角。其他地區則栽植於各市區多處路段的分隔島。

粉紅品系杜鵑

陽明山杜鵑茶花園內的杜鵑花

白色品系杜鵑

生態現象

古代詩人有云：「九江三月杜鵑來，一聲催得一枝開」。相傳每年早春開花時，正值杜鵑鳥來棲息，所以古人就將此花稱為杜鵑花。杜鵑花相當容易雜交，只要花期相近，再加上適當的人媒和蟲媒配種，就能在同一棵植株上，開出不同顏色的杜鵑花，相當特別，也因此在北台灣的道路旁，常可見到各式各樣的杜鵑花開放。

千屈菜科 Lythraceae	*Lagerstroemia speciosa* L. Pers	原產地 印度、澳洲

大花紫薇 Queen Lagerstroemia, Queen Crepe Myrtle

　　紫薇是中國古代名花之一，據《廣群芳譜》：「紫薇一名百日紅，四、五月始花，開謝接續，可至八、九月」。大花紫薇是紫薇從熱帶渡海而來的表親，因花大艷麗而得名，大花紫薇不僅花朵較大、樹形較高，葉片也比中國原產的紫薇大得多。

　　每年夏天是大花紫薇大展容顏的季節，碩大的花瓣，邊緣如蕾絲花邊的波浪狀，伴著多數黃色雄蕊，華麗的模樣好像巴黎紅磨坊女郎的蓬蓬裙，令人讚嘆。白天時，花為玫瑰紅色，入夜後變為紫色。冬天大量結實，枝條上掛滿了彈珠大小的蒴果，果熟後開裂飄散種子，但總是捨不得落下，在開花的植株上常可看見去年的果實仍駐於枝頭。

　　大花紫薇可觀花、可賞果，秋、冬落葉前滿樹的紅葉亦值得品味。繁殖方式可以用播種或扦插，惟需注意它屬陽性樹種，只有在陽光充足的地點才能開花結實良好。

夏天是大花紫薇大展容顏的季節

開花枝條

單葉對生

高度7公尺	樹形 橢圓形	葉持久性 落葉	葉型

特徵 落葉喬木，單葉對生，全緣，革質，橢圓形至長披針形，葉長15至30公分，寬5至10公分，葉脈顯著，冬季脫落前變紅。圓錐花序頂生，花萼壺形，裂為6片，花瓣6枚，紫色，邊緣波浪狀，雄蕊多數。蒴果球形，成熟時褐色，開裂成6瓣，種子扁平。

用途 生長快速，四季極富變化，為極受歡迎的庭園樹、行道樹，也可當防風林樹種。葉、花、蒴果均大型，適合作為生態教學，觀察植物的活教材。

分布 分布熱帶亞洲、澳洲。目前廣泛栽植於全台平地。

俗名 鷺鷥花、五里香、紅薇花、百日紅、佛相花

推薦觀賞路段

原產熱帶亞洲、澳洲，1898年引入台灣。

北：台北市成功路、研究院路、文德路、環河南路三段。

中：台中市東興路、進化北路、梅川東路、文心南路、大隆路、台中市立文化中心前梅川河岸綠地，台14號省道草屯至埔里路段。

南：高雄市九如路、九如一路、鼓山三路、河東路、仁德路，屏東沿山公路。

花瓣6枚，紫色，邊緣波浪狀。

雄蕊多數

圓錐花序

萼片

蒴果球形，成熟時褐色。

葉全緣，革質，橢圓形至長披針形。

大花紫薇花瓣像是艷麗的蓬蓬裙

紫金牛科 Myrsinaceae	*Ardisia squamulosa* Presl	原產地　熱帶亞洲

春不老 Ceylon Ardisia

　　春不老是台灣低海拔常見的原生樹種，因為葉子幾乎整年翠綠，油油亮亮的綠葉總是讓人感覺健壯有朝氣，所以就被稱為「春不老」。

　　春不老的新芽為紅褐色，花小小的並不顯著，淺桃紅或紫白的花朵倒吊著，像小巧的鈴鐺，加上「花海戰術」運用得宜，讓人不想注意也難。果熟後仍長期附著於樹上不掉落，樹上掛著許多淡綠色的初果或紫紅色、藍黑色的成熟果，幾乎終年可見。

　　春不老被視為吉祥表徵，象徵常春不老、多子多福，很受一般住家歡迎，所以在庭園造景上被大量栽植。春不老種子繁殖容易，在結果的母株下也常可發現成群的幼苗生長。春不老還具很強的轉換空氣污染之能力，可以淨化空氣，所以馬路旁總是少不了它。

春不老是綠籬或庭園綠化的常見樹種

腋生繖形花序，花冠桃紅或紫白色。

高度3公尺		樹形　灌木狀		葉持久性　常綠		葉型

特徵 常綠小喬木，全株光滑無毛。葉互生，倒披針形或全卵形，全緣，革質，兩面平滑，葉脈不明顯，新葉略帶紅色。夏天開花，腋生繖形花序，花冠桃紅或紫白色，5瓣。漿果扁球形，初為紅色，成熟時轉為黑紫色。

用途 植株耐風、耐陰、抗瘠，常被栽植做綠籬、庭園美化、大型盆栽等。花和果實是野外求生的食物之一。

分布 亞洲南部、馬來西亞、菲律賓等國家均可見。台灣分布於蘭嶼、綠島及低海拔平地。

俗名 萬兩金、紅頭紫金牛

推薦觀賞路段

春不老是台灣中低海拔常見的原生樹種，由於具有非常強的生長能力，且被視為吉祥的象徵，近年來已被大量栽植做行道樹。

北：台北市天母振興公園、大安森林公園，新竹市區。

中：台中市中興大學校園。

南：屏東市復興公園，高雄市高雄都會公園。

東：花蓮縣太魯閣國家公園。

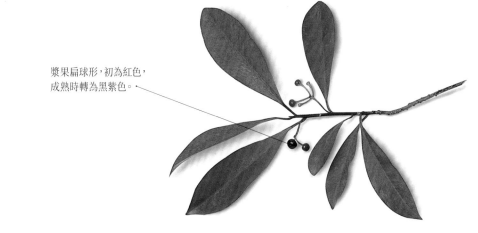

漿果扁球形，初為紅色，成熟時轉為黑紫色。

倒披針形或全卵形葉，全緣，革質。

結實累累模樣

生態現象

果實熟於秋冬，開花及結實累累期間，吸引很多野生動物來採蜜、覓食。

楝科 Meliaceae	*Melia azedarach* L.	原產地　熱帶亞洲

苦楝 China-berry `原生種`

　　苦楝是台灣最普遍的鄉間原生植物之一。或許是名稱中帶著苦字，而且聽起來與台語的「可憐」相似，所以一般人不太能接受苦楝種植在自己家門前；不過也有人不這麼認為，台灣的名作家就將它的別稱──「苦苓」當作自己的筆名。

　　苦楝的優點其實還滿多的，最被大家認同的是其生存能力特強，耐旱、耐污染。台灣從北到南，只要是開墾過的荒地，就有它的足跡。每年苦楝花開時，就知道春天來了；但見滿滿一樹紫花，如雲似霧，在輕柔的春風中自有嫻靜雅致的氣息，遠遠就吸引人們的眼光。

春天時，苦楝全株布滿淡紫色的花朵，非常美麗。

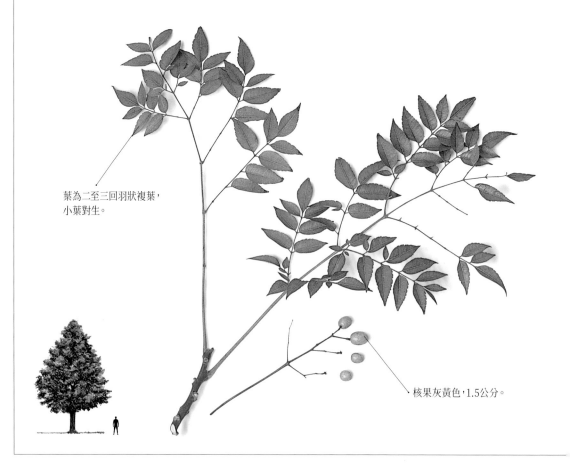

葉為二至三回羽狀複葉，小葉對生。

核果灰黃色，1.5公分。

高度10公尺	樹形 傘形	葉持久性 落葉	葉型

特徵 落葉喬木，樹皮灰褐，縱裂，枝節皮孔密布。葉為二至三回羽狀複葉，小葉對生，橢圓形，鋸齒緣，基部歪斜，2至4月開花，花有特殊香味，淡紫色花呈圓錐花序，腋生，5瓣，花絲連成筒狀。核果灰黃色，直徑1.5公分，種子長橢圓形，暗褐色。

用途 苦楝不畏潮風鹹土，生長迅速，適合作為海邊造林的樹種。其木材優良可作建築或家具建材。嫩芽或新葉可食用。樹皮具毒性，可提煉苦楝素當作商業有機殺蟲劑；果實亦可驅蟲或入藥。

分布 分布於中國大陸、韓國、日本、琉球、印度。台灣本島普遍分布於低海拔山麓及平野。

俗名 苦苓、楝樹、金鈴子、森樹、紫花樹、楝、翠樹、紫花木

推薦觀賞路段

苦楝是台灣非常普遍的原生樹種，只要是開墾過的荒地，就有它的足跡，而且具有非常強的生長能力，近年來已被大量栽植做行道樹。

北：台北市台灣大學校園、大安森林公園、台北植物園、台北護校、振興醫院。

中：台中市中興大學校園，中部郊區農田。

南：高雄市區，屏東農田郊區。

東：海岸山脈低海拔山麓及平原耕作地。

桃園大溪農村的苦楝

淡紫色圓錐花序

生態現象

夏日時，蟬、金龜子都會在苦楝樹上聚集，尤其是天牛，最喜歡吸食楝樹的汁液。苦楝的花果能誘蝶引鳥，每當秋天果實成熟後，就可以看到白頭翁前來取食，苦楝的種子也藉此傳播生長。另外，苦楝紮根極廣且深，對於水土保持有很重要的作用。

夾竹桃科 Apocynaceae	*Nerium indicum* Mill.	原產地　地中海沿岸

重瓣夾竹桃 Sweetscented Oleander

　　夾竹桃一般稱啞巴花或桃竹。原產於地中海沿岸，花有單瓣、重瓣，花色多變化，現以重瓣桃紅色的「重瓣夾竹桃」最常見，為台灣常見之庭園木及行道樹，濱海地區也常栽植做防風籬。

　　夾竹桃全株有劇毒，燃燒枝葉之煙霧亦有毒性，有致死之可能。夾竹桃科的植物大多全株有毒，如果不小心碰到，應趕快用清水沖洗比較安全。若誤食中毒，會造成頭痛、頭暈、嘔吐、腹痛、腹瀉等症狀，甚至會導致死亡。

　　重瓣夾竹桃花期很長，不但花色艷麗容易種植，而且具淨化空氣、抗二氧化硫等特性，是常見防污染的環境保護植物，又因為含樹脂少，不易燃燒，也可當做防火植物。

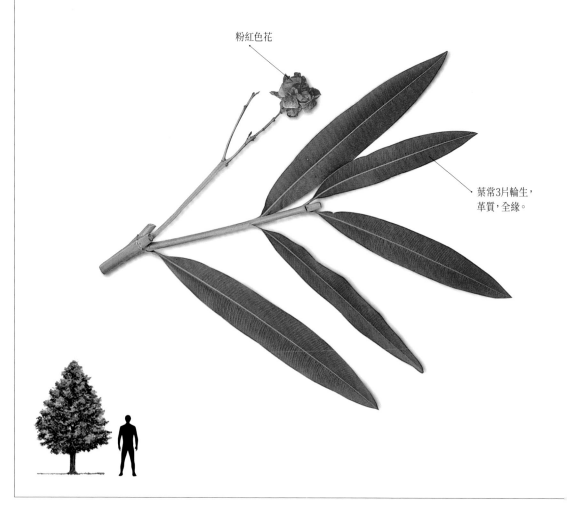

粉紅色花

葉常3片輪生，革質，全緣。

高度3公尺	樹形　灌木狀	葉持久性　常綠	葉型

特徵 常綠灌木，全株有乳汁，葉常3片輪生，厚披針形，革質全緣，兩端尖，中肋突出，側脈平行明顯。聚繖花序頂生，花冠為圓筒狀鐘形，花桃紅、粉紅或白色，雄蕊5枚。蓇葖果圓柱形，種子上端密生淡褐色長毛，易隨風散布。

用途 花期長，花色鮮艷，為常見之庭園木及行道樹，濱海地區也常栽植做防風林。此外，還可用來編織，製造芳香油、工業用油、中草藥、造紙等。毒性亦具多種藥效，可用來誘殺蒼蠅，是相當環保的殺蟲劑。將根、葉搗爛可治毒蟲或毒蜂螫傷的腫毒。

分布 地中海沿岸、中國大陸、台灣

俗名 啞巴花、桃竹、柳葉桃

推薦觀賞路段

1700年由中國大陸華南地區引進，現今為台灣常見行道樹及公園綠化樹種。

北：台北市的台北植物園、青年公園、雙溪公園，新竹市交通大學。

中：台中市國立自然科學博物館、新市政中心。

南：台南市成功大學，高雄市高雄都會公園、愛河旁、中山路。

東：東華大學美崙校區。

厚針形葉

聚繖花序頂生，花冠為圓筒狀鐘形。

台灣目前最常見的「重瓣夾竹桃」

生態現象

夾竹桃科的樹種常會有大量的蚜蟲、介殼蟲與螞蟻共生其上。台灣中南部地區，偶爾也會見到夾竹桃天蛾、夾竹桃艷青尺蛾的幼蟲取食它的枝葉。

| 馬鞭草科 Verbenaceae | *Duranta repens* L. | 原產地　熱帶美洲 |

金露花 Golden Dewdrop

金露花是常見的園藝品種

　　金露花的原生地在南美洲，據說是明朝末年時由西班牙人引進台灣種植，因為能夠適應台灣的氣候環境，現在不論在公園、庭院或野外都可以輕易發現它的蹤影。

　　金露花的名字，來自它美麗的金黃色果實。夏天時，整棵植株上掛滿一顆顆圓潤晶瑩的果實，有如串在一起的金色露珠，在陽光下亮眼而奪目。金露花分枝力強，耐修剪，所以常被修剪成矮矮短短的形狀；若不修剪，它會一年到頭不停地開著細細的淡紫花串，結出黃金色的小果，既繁麗又清雅。

　　不過在金露花漂亮的外表下，隱藏著危機，金露花的果實有毒，吃了會產生拉肚子、頭暈等症狀。

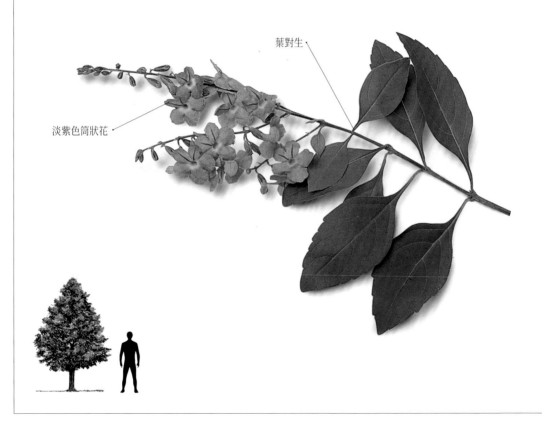

葉對生

淡紫色筒狀花

高度3公尺	樹形 灌木狀	葉持久性 常綠	葉型

特徵 常綠灌木或小喬木，枝有四稜，小枝柔軟而下垂，幼嫩的部分有毛。葉對生，橢圓形至卵形，近全緣，葉面及葉背光滑，葉基鈍，短柄，葉腋具銳刺1枚。花冠筒狀，淡紫色或白色，5瓣，頂生或腋生總狀圓錐花序，裂片有細毛。漿果成熟時黃色，球形，內含種子4至8顆。

用途 花季很長，適合栽植做庭院美化、盆栽觀賞植物，多為綠籬樹。花可當興奮劑，是中藥材。

分布 喜歡陽光充足及溫暖環境，現今亞熱帶及熱帶地區如墨西哥、南美、印度皆常見。金露花在台灣栽培普遍，現有許多園藝栽培種，並且在北部已有馴化野生者。

俗名 台灣連翹、苦藍槃、小本苦林盤、苦林盤、如意草、籬笆樹、金露華、假連翹

推薦觀賞路段

金露花是台灣四處可見的綠籬樹種，在全台多處大專院校及大型公園旁都能發現它的蹤跡。

北：市區各級學校；台北市大安森林公園，北宜公路。

中：市區各級學校；台中市中興大學校園。

南：市區各級學校；高雄市高雄都會公園。

東：市區各級學校；花蓮縣東華大學校園。

葉橢圓形至卵形，近全緣。

金黃色核果

金露花一年到頭不停地開著細細的淡紫花串

生態現象

金露花是蝴蝶喜歡的蜜源植物之一，紫花可誘蝶，金黃色果實可誘鳥。本屬植物有36種，原產於熱帶美洲及南美洲，多種已在亞洲歸化。

殼斗科 Fagaceae	*Quercus glauca* Thunb. *ex* Murray	原產地　台灣、中國大陸、日本、印度、韓國

青剛櫟 Ring-cupped Oak 原生種

　　青剛櫟為台灣的原生樹種，葉片有鋸齒，摸起來頗似魚骨頭的感覺；春天時它會開出長長的黃色的小花，看似漂亮的花朵裏面可是充滿著滿滿的細小的花粉，當秋冬時會結出可愛又討喜的堅果是許多人喜愛追尋的自然素材。青剛櫟具觀果、觀葉、景園樹、防火樹、行道樹功能，可為綠籬、防風用。青剛櫟的材質堅韌，彈力大，耐摩擦，故在使用時常被用來做為建築及車輛用材，由於木材材質堅硬難以砍斷，所以又稱為「校欑」、「九欑」、「九層樹」、「九槽」、「九槽樹」，這些都是源於台語發音後的中文俗名。青剛櫟由於分布範圍廣泛形態多樣化，也衍生出許多生態型，其中在太魯閣國家公園內的谷園地區，容易觀察到葉子狹窄的青剛櫟，寬度僅有2～2.5公分，葉先端銳尖等特徵，這些特徵分類學家將其發表為青剛櫟下的一個變種植物「谷園青剛櫟」，這些有趣的形態變化就留給各位放在心中，看到常見青剛櫟時可想起這個在分類學上的有趣插曲。

青剛櫟是列植的優良樹種之一

青剛櫟的葉密集可攔截空氣中的灰塵

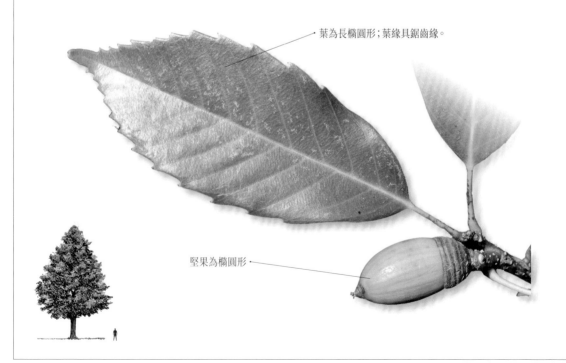

葉為長橢圓形；葉緣具鋸齒緣。

堅果為橢圓形

高度8～25公尺	樹形 傘形	葉持久性 常綠	葉型

特徵 常綠喬木、中喬木，樹冠傘形，樹皮灰褐色，嫩枝被黃色毛茸。葉互生，倒卵狀長橢圓形或長橢圓形，上半部呈鋸齒狀，下半緣則平滑，先端漸尖或呈短尾狀，基部鈍或圓，革質，表面光滑無毛，葉被具白色絨毛，中肋表面下凹，葉柄明顯。雄花荑黃花序，下垂，雌花細小生於葉腋。殼斗碗形或杯形，鱗片排成 7～11 同心輪環，被絨毛。堅果橢圓形。

用途 材質堅韌，彈力大，耐摩擦，在利用方面常被做為建築及車輛用材；農具用材方面是主要是做為器具柄用材。樹冠濃密，為良好之園林樹種，具觀果、觀葉、景園樹、防火樹、行道樹功能，可為綠籬、防風用。種子富含澱粉，可供烤食，但種仁苦澀，是松鼠類動物的最愛，其中台灣黑熊也偏愛取食青剛櫟的果實。樹皮及殼斗富含鞣質可提取鞣質供工業用。

分布 分布中國大陸、日本、韓國及台灣平地至海拔 1200 公尺之山區，台北、台中、南投、高雄、花蓮、台東，石灰岩山地。

俗名 白校欑、校欑、九欑、九層樹、九槽、九槽樹、椆

推薦觀賞路段

青剛櫟是台灣中低海拔常見的原生樹種，由於樹形優美，在秋冬時節果實會成熟，殼斗科堅果讓許多喜愛，也可提供野生動物取食，近年來已被大量利用來當公園景觀樹種。

北：台北市 大安森林公園，士林官邸、陽明山國家公園

中：台中都會公園、中興大學、國立自然科學物館

南：嘉義樹木園、扇平自然教育園區、高雄都會公園

東：太魯閣國家公園、海岸山脈低海拔山麓

雄花為下垂的荑黃花序

青剛櫟花粉相當細小；開花時期建議容易呼吸道過敏者不要太過接近。

生態現象

葉密集，可攔截空氣中的灰塵，對空氣污染抗害力強，鮮少落葉，可於空氣污染較高區域栽種此種植物。

| 豆科 Fabaceae | *Cassia fistula* L. | 原產地　舊熱帶區 |

阿勃勒 Golden Shower Senna, Pudding Pipe Tree, Indian Laburnum

阿勃勒是深受國人喜愛的熱帶樹種，挺立的樹姿、大型潔淨的羽狀葉、艷麗花朵、大而有趣的果莢，無論任何季節看到它，均令人印象深刻。

初夏，是阿勃勒最閃亮的時節，枝枒上一串串長而下懸的金黃色花朵如金碧輝煌的簾幕，隨風輕擺，在陽光下閃耀著金光。擺動中掉落的花瓣像是天空中飄落的黃金雨，所以阿勃勒又被稱作「黃金雨」。花後，雄蕊先落，花瓣也逐一凋落，結出細長圓筒形果莢。綠色的果實一天天長大，成熟時變為深褐色，像是長長的臘腸，常年懸垂樹上。果莢厚而硬，果內一層層的隔間將種子分開，種子外覆被著黑褐色如瀝青般黏稠的果肉，可抑制種子發芽和腐朽。這些果肉提醒種子，只有在陽光和雨水充足的環境才適合發芽成長。

阿勃勒生長快速，花朵艷麗且果實造型特殊，頗受青睞，在驪歌響起的季節裏，除了驚嘆艷紅似火的鳳凰花外，別忘了欣賞阿勃勒串串金黃色的無聲風鈴。

驪歌季節的黃金雨

一回偶數羽狀複葉

莢果細圓筒形

高度10公尺	樹形　圓錐形	葉持久性　常綠	葉型

特徵 落葉喬木，一回偶數羽狀複葉，近對生，卵形，先端銳尖，4至8對。總狀花序腋生，花軸細長而下垂。花萼5枚，綠色，花瓣5枚，黃色倒卵形，雄蕊10枚，其中3枚較長，基部呈膝狀彎曲。莢果細圓筒形，成熟時暗褐色，內含有多數扁平有光澤的紅褐色種子。

用途 常栽植為庭園造景樹種或行道樹。果實裡面有黑色泥狀的果肉，有如果醬一般，味甜可食，據說還有治療胃腸痛、胃酸過多、食慾不振等功能。

分布 原產印度、斯里蘭卡等地；台灣於1645年間由荷蘭人引入，目前全台平地普遍栽植。

俗名 阿伯勒、豬腸豆、臘腸樹、波斯皂莢、長果子樹、黃金雨

推薦觀賞路段

北：台北市光復南路、長興街、捷運淡水線唭哩岸站周邊、台北植物園。

中：台中市興大路、中港路，中投快速道路，中山高速公路王田交流道，台14號省道草屯至埔里路段。

南：嘉義市忠孝路、嘉義樹木園，高雄市光華路、和平一路、鼓山三路、同盟三路、河西一路、河東路、新衙路、林德街，屏東縣台1號省道潮州至枋寮路段。

東：花蓮縣台9號省道新城鄉至太魯閣路段，台東縣知本森林遊樂區。

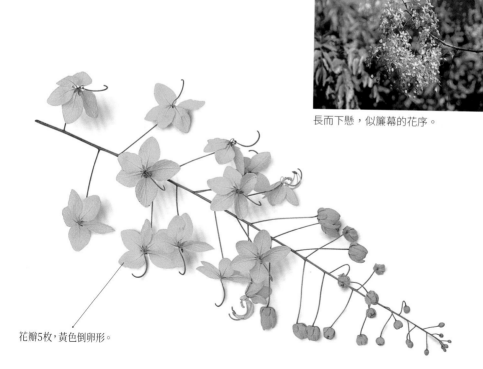

長而下懸，似簾幕的花序。

花瓣5枚，黃色倒卵形。

生態現象

阿勃勒的葉子是銀紋淡黃蝶和水青粉蝶等幼蟲的食物，所以在阿勃勒樹頂附近，常常可以看到黃色的蝴蝶飛來飛去，那是蝴蝶媽媽在找葉子產卵。幼蟲的體色和葉片相近，不太容易發現牠們。

豆科 Fabaceae	*Cassia surattensis* Burm.f.	原產地　熱帶

黃槐 Glossy Shower Senna

黃槐、阿勃勒和鐵刀木在分類上都是豆科蘇木亞科鐵刀木屬的樹種。鐵刀木屬在地球上是一個繁茂的大家族，現存者約600種，多分布在熱帶和亞熱帶地區，台灣原生與引進者約20餘種。

不同於玉樹臨風的阿勃勒和鐵刀木，黃槐是小巧可人的樹種，嬌柔的身形，平滑潔淨的羽葉，一副含羞帶怯的模樣；最怕颱風的侵擾，狂風後，常樹倒或幹折，落葉、黃花滿地，令人不忍。黃槐花期長，常年花開不斷與葉子相較，它的花朵算大型；金黃色的花朵形似黃蝶，花瓣5片，大小並不一致。由於花期長，常可看到花苞、花朵和莢果同時出現在枝頭上，是觀察植物開花過程的好對象。

花苞、花朵和莢果同時出現在枝頭上。

雄蕊

花萼

雌蕊

花瓣黃色，卵狀橢圓形。

高度3公尺	樹形 灌木狀	葉持久性 常綠	葉型

特徵 常綠灌木或小喬木，小枝四稜形，光滑。一回偶數羽狀複葉，互生。小葉3至6對，對生，倒卵狀橢圓形，長3至4公分，先端鈍或凹，基部鈍，兩面光滑，葉背淡綠色略呈白粉狀，小葉葉柄短，部分小葉葉柄具腺體。繖房花序，腋出，多著生於小枝的先端，花萼5枚，綠色，倒橢圓形，先端鈍；花瓣黃色，卵狀橢圓形，先端圓或凹，雄蕊10枚。莢果扁平。

用途 可栽植為庭園觀賞樹種或行道樹，亦可以用來觀察植物各部分構造，並可供作蝴蝶食草，是優良的生態教學材料。

分布 印度、錫蘭、澳洲、玻利尼西亞等地原產

俗名 雙莢槐、金鳳

推薦觀賞路段

北：台北市建國北路、建國南路、新生北路、撫遠街、八德路三段、安和路、辛亥路、臥龍街、環河南路、愛國東路、中央北路、南港區東新街。

中：中山高速公路泰安休息站。

南：台南市東豐路，高雄市五福路、馬卡道路、沿海一、二路、中林路、義昌路、壽昌路、高雄市立文化中心，高雄市澄清湖。

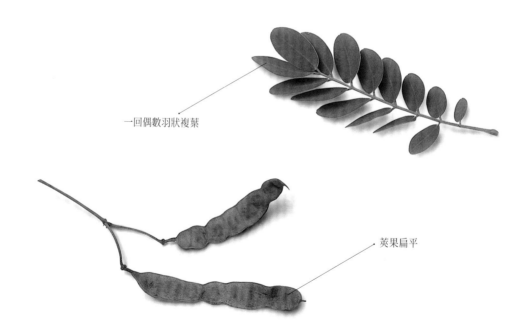

一回偶數羽狀複葉

莢果扁平

生態現象

黃槐、阿勃勒和鐵刀木這一屬的植物是淡黃蝶類幼蟲的主要食草。銀紋淡黃蝶是台灣低海拔常見的蝶種，交配後的雌蝶將淡黃色的卵粒產在植物的嫩葉上，3、4天後，幼蟲就會破卵而出。幼蟲的顏色會隨著齡期而變化，受驚嚇時會吐出綠色的汁液。兩周後，終齡幼蟲化蛹於寄主植物的葉背或小枝條上，蛹後6至10天便羽化成翩翩飛舞的黃色彩蝶。

豆科 Fabaceae	*Cassia siamea* Lam.	原產地　中國大陸雲南、南洋

鐵刀木 Kassod Tree, Siamea Senna, Bombay Black Wood

　　鐵刀木因邊材白色，心材紫黑色，具鐵褐色花紋，且材質堅重，硬如鐵刀而得名。因為常被用於鐵道枕木，也被稱為鐵道木。日治時代，日本政府在高雄市美濃區雙溪丘陵地廣植鐵刀木，作為槍托與鐵道枕木的用材；現在這些鐵刀木已經長成森林，雖然槍托與鐵道枕木需求量減少，卻因為能夠培育大量的黃蝶而備受矚目。

　　鐵刀木和黃槐、阿勃勒都屬一回偶數羽狀複葉，但葉形各異，鐵刀木小葉為長橢圓形，葉片主脈於葉柄先端突出成芒狀，相當特別。夏初，枝條頂端盛開著放射狀的圓錐花簇，花冠黃色，5枚分離狀圓形花瓣，花朵與黃槐相似，花期可達半年以上。冬天至早春，鐵刀木果莢成熟，扁平狹窄的木質果莢在種子處凸出明顯，側看成凹凸不平的波浪狀。

　　鐵刀木於1896年自印度引入本省，在台灣中、南部較常見，北部栽植較少。南投縣埔里鎮以蝴蝶聞名，並將黃蝶食草鐵刀木視為鎮樹。

高雄市仁愛公園的鐵刀木

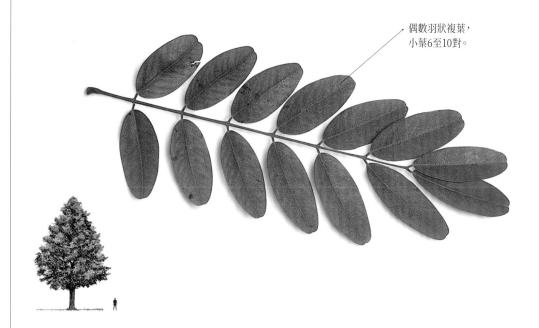

偶數羽狀複葉，
小葉6至10對。

高度15公尺	樹形 橢圓形	葉持久性 常綠	葉型

特徵 常綠喬木，偶數羽狀複葉，小葉6至10對，長橢圓形，先端微尖，紙質，長約2公分。花序繖房狀，腋生，構成一個大型的頂生圓錐花序，花萼5裂，花瓣5枚，雄蕊10枚，7枚具花藥。莢果扁平，成熟時褐色，內含種子10至20顆。

用途 可作為行道樹、庭園造景樹。材質堅重，可作板材、建築、家具、雕刻等用途。樹皮和葉可以提煉單寧，木材有毒，刨鋸時產生的木屑會傷害眼睛。

分布 原產中國大陸雲南、印度、泰國、錫蘭等地；台灣中、南部地區普遍栽植為行道樹或公園景觀樹種。

俗名 暹邏槐、暹邏決明、鐵道木

推薦觀賞路段

北：台北市台北植物園。

中：台中市向上路一段、賴明公園，南投縣台14號省道草屯路段。

南：嘉義市嘉義樹木園，高雄市凱旋路、青海路、力行路、建國三路、鼓山路、大同路、翠亨北路、愛河綠地，高雄市美濃雙溪熱帶母樹園。

春天是鐵刀木開花的季節

莢果扁平，成熟時褐色。

花瓣5枚

花苞

雌蕊

雄蕊7枚具花藥

生態現象

高雄市美濃區雙溪地區，海拔100公尺至500公尺的丘陵上有數萬棵鐵刀木，每年6月及10月各有一次淡黃蝶族群的大發生。此時該地區附近的山谷中，成千上萬的蝴蝶陸續羽化，看不盡的黃蝶身影，場面壯觀，成就舉世聞名的黃蝶翠谷。

| 豆科 Fabaceae | *Peltophorum inerme* (Roxb.) Naves | 原產地　亞、澳、美洲熱帶 |

盾柱木 Rusty Shield-bearer

　　盾柱木為豆科蘇木亞科落葉喬木，樹皮灰褐色，密布許多皮孔，排列成平行的線狀紋路。樹形很像鳳凰木，葉片也是二回偶數羽狀複葉，但小葉較鳳凰木寬大些。不同於鳳凰木艷光動人的紅花，盾柱木的花朵雖也亮麗，但為黃色，給人清爽秀氣的感覺，且葉柄及細枝椏披被褐色毛與完全光滑的鳳凰木不大相同。此外盾柱木的果實為朝上的小豆莢，形狀如豌豆與鳳凰木懸垂在枝條上的長果莢大異其趣。

　　盾柱木的花朵在盛夏時節綻放，花頂生於枝端，密密麻麻的圓錐狀花序在陽光下顯得金碧輝煌。秋冬時，盾柱木的小葉會有一部分變為黃色，當綿綿細雨打在枝葉上時，小葉會一片片凋落，羽片柄跟著掉落，最後葉子的總梗也落下。

台北市大業路的盾柱木行道樹

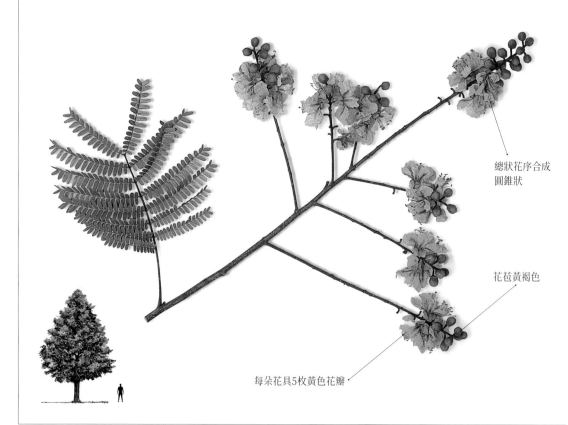

總狀花序合成圓錐狀

花苞黃褐色

每朵花具5枚黃色花瓣

高度10公尺	樹形　橢圓形	葉持久性　落葉	葉型

特徵 落葉喬木，樹皮灰褐色，幼枝生有褐色毛。二回偶數羽狀複葉，羽片8至10對，小葉10至30對，細小無柄，對生，長橢圓形，全緣，基部歪斜。總狀花序合成圓錐狀，萼深4裂，花瓣5枚，黃色，倒卵形，雄蕊10枚，子房無柄，柱頭盾形。莢果扁平狀長橢圓形，成熟時褐色。

用途 可栽植作為園景樹或行道樹

分布 原產澳洲、亞洲、美洲等地之熱帶地區；台灣平地普遍栽植的行道樹種。

俗名 黃燄木、雙翼豆、閉莢木

推薦觀賞路段

北：台北市松山路、松德路、松勇路、忠孝東路五段、基河路、新生北路、建國南北路、秀明路、大業路。

南：嘉義市嘉義樹木園，高雄市和平東路、河東路。

盾柱木的花朵在盛夏時節綻放

莢果扁平狀長橢圓形，成熟時褐色。

二回偶數羽狀複葉

生態現象

在台灣，鮮少有動物以盾柱木為食，僅有食性廣泛的昆蟲如小白紋毒蛾的幼蟲偶爾取食葉片。小白紋毒蛾的幼蟲全身具橘黃色的短刺，間雜數叢黃色和白色的長毛，一副不好惹的模樣。成長後在葉背結繭化蛹，雄蛾暗褐色具斑紋；雌蛾無翅，白色體型圓胖，用性費落蒙吸引雄蛾前來交配。

豆科 Fabaceae	*Tamarindus indica* L.	原產地 印度、爪哇、阿拉伯、北非

羅望子 Tamarind, Tamarind Tree

　　羅望子是著名的熱帶果樹，因為豆莢中的果泥味酸，因此又稱為酸果樹。在台灣以台南市栽植較多，北部的民眾可能對它較不熟悉。

　　羅望子的花在夏、秋開放，雖屬於豆科蘇木亞科家族，但是它的花瓣只有3片發育較完整，其餘2片退化成鱗片狀；白色的花瓣上布滿了如堇菜般紫紅色斑紋，搭配上大型、乳白色的萼片與綠色花蕊，秀麗而雅緻。果實於春節過後陸續成熟，長條狀的豆莢狀似花生，卻有更多變的造型：長、短、直、曲、豐滿、側扁、圓筒形、葫蘆形，令人眼花撩亂，兼具食用與觀賞價值。

　　羅望子的果皮厚而柔軟如泥，吃起來酸酸甜甜的，滋味特殊，可生食或製作果醬、果汁、糕餅餡料食用；印尼人在煮湯時，常放入羅望子的葉片或果實調味，富有南洋風味。

成功大學校園的羅望子行道樹

一回偶數羽狀複葉

高度10公尺	樹形　圓形	葉持久性　常綠	葉型

特徵 常綠喬木，樹皮暗灰褐色。小枝紅褐色，具皮孔。一回偶數羽狀複葉，小葉8至16對，對生，長橢圓形，先端鈍，基部歪斜。總狀花序腋生，花瓣5片，發育者3片，黃色帶紫紅色脈狀紋。莢果革質，長橢圓形，略彎曲，熟時黃褐色。

用途 材質堅硬緻密，可製作農具或家具。果皮含柔軟果肉及纖維，酸甜可口，可生食或製作果醬、果汁食用，且具有怯熱、助消化等功效，亦可用作消化劑、清涼劑等。常栽為庭園或行道樹種，供觀賞。

分布 印度、爪哇、阿拉伯、北非尼羅河流域原產，熱帶地區廣泛種植。

俗名 羅晃子、酸果樹、九層皮果

推薦觀賞路段

於1896年由印度、爪哇引入台灣，以南部地區較為常見。

北：台北市台北植物園。

中：台中市國立自然科學博物館，雲林縣廣興教育農園。

南：嘉義市嘉義樹木園，台南市成功大學及校園外行道樹、勝利路、東寧路，高雄市中正公園、澄清湖。

莢果長橢圓形，形似花生。

雌蕊

雄蕊

花瓣發育者3片

萼片

生態現象

羅望子開花的季節，正值北部的梅雨季，雨滴打在花朵上沖散了花粉，且因北部較冷，凍壞了這種熱帶來的樹種，因此生長欠佳，結實率低。相對於北部，台灣南部的羅望子樹姿健壯，常長成風姿古樸的老樹，且結實纍纍，以台南成功大學校園內及附近的行道樹最引人注目。

| 杉科 Taxodiaceae | *Acacia confusa* Merr. | 原產地　菲律賓、台灣恆春半島 |

相思樹 Taiwan Acacia 原生種

春天時滿樹金黃的相思樹

相思樹原產恆春半島，材質緻密，是最好的薪炭材。從前需要燒材煮炊的時代，需求量頗大，因此廣為種植，是台灣平地分布最廣、數量最多的樹種之一。相思樹在中國大陸稱為台灣相思，因為造林成活率高、生長快速，又可改良土壤，是中國大陸荒山造林大量選擇的樹種。

相思樹剛發芽時，會長出羽狀複葉，隨著成長，會轉換成一樹鐮刀狀的「假葉」；因為它並不是真正的葉片，是由葉柄演化而成，葉尖細小的毛狀物才是相思樹原本的葉子。

每年春天是相思樹開花的季節，金黃色的小絨球覆滿枝頭，但見山坡上處處燦爛輝煌，清楚地標示出所有相思樹的位置。漫步林下，可以感受到芳香撲鼻、黃花滿地的詩情畫意。秋天時，圓球狀的花序上結出片片豆莢，落下的種子在母親的庇蔭下並不發芽，深埋土壤中形成所謂的「種子銀行」；只有在干擾過後，陽光燦爛時，種子才會萌芽生長。

莢果扁平狀長橢圓形

高度15公尺	樹形　圓形	葉持久性　常綠	葉型

特徵 常綠喬木，幼樹為二回偶數羽狀複葉，成長後則著生假葉，假葉互生，革質，鐮刀狀披針形。頭狀花序腋出，金黃色，花瓣4片，基部合生，雄蕊多數。莢果扁平狀長橢圓形，種子4至8粒。

用途 材質緻密堅重，大徑木可作為枕木、家具、農具等用材；小徑木可製成木炭。生長快速、耐貧瘠，是荒山造林的優良樹種，也可作為行道樹或園景樹。樹皮可供作紅色染料。

分布 菲律賓、台灣恆春半島

俗名 台灣相思、相思仔、香絲樹

推薦觀賞路段

北：台北市大湖公園，北二高龍潭收費站。
中：中山高速公路泰安休息站。
南：嘉義市嘉義樹木園。
東：花蓮市民權路。

細小的毛狀物才是相思樹真正的葉子 ◀

由葉柄演化而成的「假葉」

花序頭狀，金黃色。

相思樹樹冠大，遮蔭效果佳。

生態現象

相思樹屬於陽性樹種，當森林火災或山坡崩塌等干擾發生過後，相思樹的種子能夠很快地發芽生長，被稱為演替的先鋒植物。相思樹之所以能在乾燥、貧瘠的土壤中正常生長，除了它喜愛陽光且生長快速之外，它的根系能和固氮細菌共生，將空氣中的氮固定為養分，也是主要因素。

豆科 Fabaceae	*Dalbergia sissoo* Roxb.	原產地 印度

印度黃檀 Sissoo, Sissoo Tree

　　印度黃檀原產印度阿薩姆省的乾燥地區，1895年引進台灣。雖非原生樹種，但引進歷史悠久，許多地區早期栽植的植株已長成參天老樹，在異鄉繁衍了眾多子嗣。

　　印度黃檀屬奇數羽狀複葉，小葉的形狀很像烏桕的葉片，但是用心觀察就可以發現它們之間的不同。印度黃檀是由3至5片小葉組成的羽狀複葉，烏桕則是單葉，且烏桕的葉片基部有兩個腺點，秋天落葉前會變為橘紅色。

　　印度黃檀在春天開花，圓錐狀花序由葉腋生出，細小的黃白色花朵常被忽略。夏天時，花朵結成扁平狀的莢果，果實扁平，周緣如翼狀，成熟後的果實會借助風力遠颺，尋找陽光充足的合適環境以便發芽生長。

高雄市翠亨路的印度黃檀行道樹

莢果線狀披針形，
具扁平翅。

高度15公尺	樹形　圓形	葉持久性　常綠	葉型

特徵 常綠大喬木，全株幼嫩部分具褐色短毛，樹皮縱裂，成片狀剝離。奇數羽狀複葉，小葉3至5片，互生，倒卵形至菱形，先端銳形，長3至7公分。圓錐花序腋出，花冠蝶形，花黃白色，雄蕊9枚。莢果線狀披針形，具扁平翅，內藏種子1至3粒。

用途 材質緻密而堅韌，為枕木、雕刻、家具用材；木材提煉之油可供藥用。耐貧瘠，耐乾旱，常栽植為庭園觀賞樹種及行道樹。

分布 原產印度阿薩姆省乾燥地區

俗名 笨檀、印度檀

> ### 推薦觀賞路段
>
> 北：台北市建國北路、光復北路、大龍街、台北植物園、台灣大學。
> 中：台中市軍功國小。
> 南：嘉義市嘉義樹木園。
> 東：台東縣知本森林遊樂區。

花冠蝶形，黃白色。

印度黃檀樹皮縱裂，成片狀剝離。

奇數羽狀複葉，小葉菱形。

印度黃檀行道樹街景

生態現象

雙紋老玉叩頭蟲屬於鞘翅目叩頭蟲科的昆蟲，叩頭蟲種類繁多，在台灣至少有150種以上。雙紋老玉叩頭蟲屬較大型的種類，幼蟲以松樹類或印度黃檀等植物的木材為食。雌蟲將卵產於樹皮下，孵化後的幼蟲形體細長且硬，呈黃褐色，又名金針蟲。成長後，在樹幹內化蛹羽化。成蟲長約3公分，體灰褐色，翅鞘中央外側有兩個褐色的黑斑紋。

豆科 Fabaceae	*Pterocarpus indicus* Willd	原產地 熱帶亞洲

印度紫檀 Rose wood, Burmese Rose Wood

　　印度紫檀具有「四季分明」的特色。每年冬季落葉，光禿禿的枝椏具有蕭瑟之美。春天一到，它便迫不及待的吐出嫩綠新葉，換上春裝。因萌芽性極強，側枝生長迅速，形成寬廣的庇蔭效果。春末至夏初，約5、6月間，全株金黃色的蝶形花同時綻開，煞為奇觀！但花期很短，大多一天就凋謝了，最多只能維持3至5天，真的是「檀」花一現！花落時滿地金黃，兼有花的芳香，常令人陶醉其中。到了秋天，像荷包蛋的果莢掛在樹梢，十分特別。

　　印度紫檀引進台灣已有很長一段時間，有些校園中的印度紫檀已是「阿公級」的老樹了。它的樹形健壯美麗，有機會不妨多加留意。另外在漢民族的植物名稱中如有「檀」字者，都是木材堅硬之樹種，通常木質紋理甚佳，且具有檀木特有的氣味。印度紫檀心材鮮紅或橘紅色，久露空氣中會變成紫紅褐色，因此稱為紫檀。

結實纍纍模樣

總狀花序成圓錐狀排列

奇數羽狀複葉，小葉7至10片。

高度20公尺	樹形 闊卵形	葉持久性 落葉	葉型

特徵 落葉大喬木，樹冠大，樹皮黑褐色，幹通直，枝椏特長，呈放射狀伸展，枝條稍軟下垂。奇數羽狀複葉，小葉7至10片，互生，卵形，先端銳或尾尖，葉序整齊下垂。春至夏季開黃色蝶形花，小型而多數，總狀花序成圓錐狀排列，有香味。褐色莢果扁圓形，具闊翅，外薄中厚，內藏種子，周圍扁薄似紙質，隨風飄送。

用途 樹姿優美、樹性強健，為高級行道樹、園景樹。木材堅硬緻密，俗稱紅木，是高貴的家具、建築等用材及製香原料。樹脂可供藥用，葉子可作葉脈書籤，甚柔雅。莢果為乾燥花高級素材之一；種子可烘焙食用。

分布 印度、爪哇、菲律賓、馬來西亞、緬甸、中國廣東等地區；台灣中南部海拔200公尺以下地區普遍栽植。適宜生長於海拔100至400公尺。

俗名 薔薇木、蘗木、黃柏木、青龍木、牛血樹、紫檀、紅花櫚

推薦觀賞路段

印度紫檀是台灣常見的道路、公園綠化樹種，全台各大路段、公園與校園皆可發現它的蹤跡。

北：台北市台北植物園、木新路、復興北路、大安森林公園、北投公園、大同大學。

中：台中市國立自然科學博物館、五權西路、大墩七街、河南路四段、惠中路三段、公益路二段。

南：高雄市勞工公園、市立歷史博物館、三多路、青年路、中山路、大順路、忠孝路、軍校路、德民路、大政路、班超路、立忠路、翠亨北路、中華路。

東：花蓮及台東市區公園。

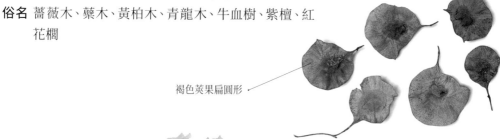

褐色莢果扁圓形

春至夏季開黃色蝶形花，
小型而多數。

高雄市翠亨北路的印度紫檀行道樹景觀

生態現象

印度紫檀是赤邊燈蛾幼蟲的食草。植物提供幼蟲食物，幼蟲羽化成蛾再幫植物傳粉，植物得以開花結果、繁殖下一代，植物與昆蟲之間互相受益，形成自然生態平衡。赤邊燈蛾的幼蟲大量出現的時間在5至9月間，所以印度紫檀開花時，是觀察赤邊燈蛾幼蟲的好時機。

| 樺木科 Betulaceae | *Alnus formosana* Makino | 原產地　台灣 |

台灣赤楊 Formosan Alder, Taiwan Alder 　原生種

　　光看這個名字就知道台灣赤楊是土生土長的原生樹種，由於具有生長快速及改善土壤品質的特性，是森林中最佳的肥料木，早期原住民多把它們栽植於開墾地，以利農地土壤化育。

　　台灣赤楊是很有特色的原生種，在台灣的原住民語言中有許多的描述，例如泰雅族人常以植物的名稱轉借成為人的名字，有人用I-bu（台灣赤楊）來稱呼小孩，希望用來代表被命名的小孩像台灣赤楊一樣，可以在艱困惡劣的環境下茁壯；賽夏族人也以SiboLok來比喻族人要如同台灣赤楊般快速繁衍，散布各地。可見台灣赤楊在台灣原住民的傳統中是多麼的重要。

葉互生，卵形，紙質，鋸齒緣。

高度15公尺	樹形　圓錐形	葉持久性　落葉	葉型 

特徵 落葉喬木。葉互生，卵形，紙質，鋸齒緣。雌雄同株，花暗紫色，雄花序呈柔荑狀下垂，雌花序橢圓形。木質毬果，橢圓形，種子（小堅果）橢圓形，種皮膜質。

用途 果實、樹皮皆可為染料。木材可用於建築、器具、箱櫃、鑄型、製合板、造紙等。根瘤菌用於荒地造林。

分布 分布於台灣平地至中高海拔地區，為陽性先驅樹種，生長於陽光充足之開闊地。常於干擾後的森林、溪邊、河谷、崩壞地及開墾地形成大片純林。

俗名 赤楊、水柯仔、水柳柯、台灣榿木、赤楊樹

推薦觀賞路段

台灣赤楊是台灣土生土長的原生樹種，具有容易栽植、快速生長及抵抗力強的優點，所以很早就成為台灣島上利用率很高的綠化樹種。

北：北部橫貫公路沿線，達觀山自然保護區。

中：雪霸國家公園，武陵遊憩區，觀霧森林遊樂區

南：高雄市茂林風景區。

東：花蓮縣太魯閣國家公園。

木質毬果橢圓形

文化大學曉園旁之台灣赤楊結果情形

柔荑花序，雄花成穗狀。

生態現象

台灣赤楊的根部會生長根瘤菌，根瘤菌能幫助赤楊固定空氣中的氮氣，藉此改良土壤的物理化學性質，使土地肥沃以利生長，這也就是赤楊在非常貧瘠的土地上照樣可以生長的原因。

| 樺木科 Betulaceae | *Carpinus kawakamii* Hayata | 原產地　台灣特有 |

阿里山千金榆 Arishan Hornbeam　特有種

千金榆屬又名鵝耳櫪屬，為樺木科植物，本屬植物於溫帶國家大量被利用為觀賞樹種，但目前在台灣未見利用。阿里山千金榆是台灣的特有植物，廣泛生長於全島低中海拔山區，常見於向陽的坡面或崩塌地，屬於陽性物種。本種的形態與台灣櫸 (*Zelkova serrata*) 類似，但本種的葉片為重鋸齒緣，且果實被葉狀總苞包覆，而與之有別，但因其形態上的類似，因此民間稱本種為雞油舅，而台灣櫸為雞油。

不論從形態特徵或生育地的條件來說，本種都可說是相當優良的行道樹種，但本種通常分布的海拔略高，因此若要作為行道樹利用，宜利用海拔較低的族群繁殖，方能適應平地的環境。

果實具有葉狀苞片

果實細小，掉落亦不造成人車安危。

高度5～15公尺	樹形　扇形	葉持久性　落葉	葉型

特徵 落葉喬木，枝條纖細。葉互生，長橢圓形，長5～11
公分，寬1.5～2.5公分，重鋸齒緣，葉柄長0.5～1.5
公分。雌雄花序與新葉同時綻放，柔荑花序，雄花
序下垂，脫落性。雌花序短，花柱紅色。堅果卵狀，
被一葉狀總苞包被。

用途 木材可用做器物及建材

分布 台灣特有，見於全島低中海拔山區。

俗名 台灣千金榆、川上氏鵝耳櫪、細葉千金榆、細齒千
金榆、阿里山鵝耳櫪、雞油舅

推薦觀賞路段

本種目前尚未見到大量栽植，但由於樹
種特性使其成為相當優良的行道樹種，
因此下面推薦的是容易觀賞的野生植株
的地點。

北：北橫、巴陵

中：奧萬大、大坑、惠蓀林場 杉林溪

南：霧台

東：太魯閣國家公園、亞泥生態園區 、
　　南橫

本種為落葉性樹種，春季來臨時，花先開放後才長葉。　雄花序下垂，雌花序通常較短，具有明顯的紅色柱頭。

生態現象

本種的嫩葉為台灣紅小灰蝶的食草

殼斗科 Fagaceae	*Castanopsis carlesii* (Hemsl.) Hayata	原產地　中國大陸、香港及台灣

長尾栲 Caudate-leaved Chinkapin 原生種

　　長尾栲為台灣的原生樹種，由於生態幅度廣泛，造成其形態多樣有趣，葉形從卵形、卵狀長橢圓形至狹卵形，這已經讓許多人頭昏眼花了，但葉先端長尾狀漸尖，則讓它有了「長尾栲」或「長尾尖葉櫧」的名稱，葉背的顏色則從銀色、鏽色至紅褐色，似乎讓腦中的資料庫從2D搜尋變成VR，辨識難度提高，也因此有了其它的名稱如「小紅栲」。而俗名之一的卡氏櫧是種小名carlesii翻譯而來，這是表彰英國領事官William Richard Carles在中國福建採到的標本，因此得名。

　　每年的3月至6月是長尾栲開花的時間，這段時間為什麼這麼長呢？當然與它的生態幅度有密切的相關，低海拔的首先綻放，依序往高海拔，也讓這個花舞曲演奏了四個月之久。長尾栲的花朵味道濃郁，是昆蟲的美味香氣，在盛花時期總能夠在上面看到許許多多的昆蟲前來大快朵頤一番，而喜愛觀察昆蟲的同好們不約而同的相聚在長尾栲的樹下，似乎變成了另類的考試奇景，看誰辨識出昆蟲種類較多，但經過研究這似乎不是件容易的事情，一株長尾栲的巨樹上竟然能夠發現100種以上的鱗翅目昆蟲，要能辨識出這樣子的昆蟲種類我想應該不是常人吧。

常綠大喬木，樹冠緻密。

總苞會將堅果完全包被

堅果為圓錐形

高度15～25公尺	樹形 傘形	葉持久性 常綠	葉型

特徵 常綠大喬木，幹皮灰褐色或灰白色，縱向淺溝裂；小枝多皮孔。單葉，互生，卵形、卵狀長橢圓形或狹卵形，葉片長4～10公分，寬1.5～4.5公分，先端長尾狀漸尖，全緣或葉端具1～5鋸齒，表面光滑，暗綠色，背面銀灰色，疏生短毛，側脈 6～9 對；葉柄長約 1 公分。堅果圓錐形，為殼斗所包被；殼斗被有不整齊之短刺，熟時先端開裂；堅果外有粗線紋。

用途 可用於建築及農具用木材；種仁可食；樹皮因富含單寧，可提煉栲膠。

分布 分布中國大陸、香港及台灣。全島低至中海拔約300～2,200 公尺處之森林中，在台灣島內的兩端，宜蘭的澳底及屏東的恆春可見。

俗名 米櫧、卡氏櫧、長尾尖葉櫧、長尾尖櫧、長尾尖櫧栗、長尾柯、小紅栲

推薦觀賞路段

長尾栲是台灣地區最常見的殼斗科植物之一，也是建構台灣森林中最重要的原生樹種，是在山區道路兩側就能輕易觀察的行道樹種，初春時節是其綻放花朵的時間，能將森林點綴出黃色的森景，秋季至初冬是結實期，果實更是囓齒類及哺乳類的喜愛取食的植物之一，只要時間點對就能與野生動物不期而遇，是極有潛力成為一流的行道樹種。

北：北橫公路、陽明山國家公園、觀霧森林遊樂區、福山植物園、內湖、東眼山

中：大雪山林道、中橫公路、新中橫公路、大坑地區、阿里山森林遊樂區

南：南橫公路、南迴公路、199線道、大漢山林道、恆春半島

東：鯉魚山、清水山、利嘉林道、光復林道、紅石林道

果實小型，殼斗包覆堅果達三分之二以上。

枝條纖細，葉背黃褐色，革質。

生態現象

長尾栲在森林中屬於演替後期的樹種之一，也就是判斷森林是否為成熟森林的指標。側枝向上斜伸，讓我們從側面看去，是開闊的扇形，它的樹高可達25公尺高，讓它成為複雜的森林結構中扮演第一樹冠層的優勢樹種，可說是掌握著許多生物賴以維持的基本棲息與生存空間，是一棵樹養百樣動物的最佳典範。

| 榆科 Ulmaceae | *Ulmus porvifolia* Jacq. | 原產地　台灣、中國大陸、日本 |

榔榆 Chinese Elm 原生種

　　榔榆是榆科植物中很受歡迎的一種，是台灣的原生樹種，主要產於中南部低海拔的溪谷森林。榔榆的生命力強健，非常耐寒、耐鹽，萌芽力強，對二氧化硫等有毒氣體及煙塵的抗性較強，而且樹姿優美，目前已成為熱門的庭園、都市綠化樹種。

　　榔榆木材細緻光滑如浸過雞油，別稱「紅雞油」。其紅褐色的樹皮在生長季時會呈不規則片狀脫落，在新皮慢慢走向老樹皮的過程中，顏色也跟著改變，於是樹幹上會出現一塊塊像雲朵般的斑駁圖案，豐富的色彩甚至比它的花、果更耀眼。

樹皮褐色，有不規則雪片狀剝落。

翅果簇生於葉腋，成熟後借風力傳播。

高度15公尺	樹形　圓錐形	葉持久性　落葉	葉型

特徵 落葉中喬木，樹皮具褐色斑紋，有不規則雲片狀剝落，小枝有細毛。葉互生，倒卵形，鈍鋸齒緣，葉面粗糙，葉背有毛，革質，葉片纖細，葉基歪形。秋季開淡黃綠色小花，單瓣。卵形翅果膜質，褐色，簇生於葉腋，成熟後能借風力傳播。

用途 為庭園觀賞樹種或用於綠籬、行道樹、防風林，也是重要的盆栽樹種。材質堅硬不易裂，可做砧板及車船配件或為家具良材。其根皮、嫩葉可作為藥材。

分布 中國大陸、日本、台灣。台灣分布於中南部海拔300至1000公尺之山區，混生於原始森林中。

俗名 紅雞油、秋榆

推薦觀賞路段

北：台北市的雙園街、大安森林公園、植物園、士林捷運站。

中：台中市的中興大學校園，新竹市區。

南：高雄市區行道樹、高雄的都會公園。

東：海岸山脈低海拔山麓。

倒卵形葉，鈍鋸齒緣。

褐色翅果膜質

榔榆為都市中常見之行道樹

生態現象

姬紅蛺蝶的幼蟲喜食苧麻、蕁麻、榔榆。姬紅蛺蝶與紅蛺蝶相似，但體型較小，顏色較淡，後翅為橙黃色。此外，黃刺蛾的幼蟲也常吃榔榆嫩葉，牠的幼蟲黃綠色，頭尾有半透明毒刺，可不能隨便去觸摸喔！

五列木科 Pentaphylacaceae	*Cleyera japonica* Thunb. var. *morii* (Yamam.) Masam.	原產地　全島分布，北部較多

森氏紅淡比 Mori Cleyera 特有種

森氏紅淡比是種很難記的植物，除了名字很長以外，看似沒有邏輯的五個字卻組成了一種植物的名字。實際上，森氏是指森丑之助，一位日籍的人類學者，曾於日治時期調查研究台灣的原住民部落，同時也採集了許多的植物標本。紅淡比的由來不詳，但有另一名稱為紅淡，據說基隆的紅淡山即因此植物得名。

森氏紅淡比的形態與榕樹神似，但本種的葉較厚、側脈不明顯，且不具白色乳汁，可與之區分。

雄蕊多數，花朵具蜜腺，花蜜即為紅淡蜜之來源。

花腋生，淺黃色而下垂。

高度3 公尺	樹形　傘形	葉持久性　常綠	葉型

特徵 小喬木，葉常綠性，倒卵形至匙形，全緣，長5～9公分，寬3～5公分，側脈不明顯。花單生或數朵簇生於葉腋，芳香。萼片近圓形，邊緣纖毛狀。花瓣倒卵形。果實球形。

用途 木材可供工藝用途，花可入藥。

分布 台灣特有，分布於全島低中海拔，尤以北部為多。

俗名 森氏楊桐

推薦觀賞路段

北：陽明山、紅淡山

中：台中市國立自然科學博物館

本種具有較強的耐陰性，可栽植於陽光較不充足的地方。

葉互生，革質，新葉常為紅色。葉片有時作為祭神的花材之一，被視為神聖的樹種。

生態現象

本種為優良的蜜源植物，釀造的花蜜即為紅淡蜜。

錦葵科 Malvaceae	*Hibiscus tiliaceus* L.	原產地　熱帶及亞熱帶海濱

黃槿 Cuban Bast, Linden Hibiscus

黃槿多生長於濱海地區或平地，是住在海邊的人最熟悉的樹種。從前，鄉間婦女常使用黃槿的葉片枕粿蒸煮，蒸出來的粿具有特別的香味，因此稱它為粿葉樹。夏天時，大型潔淨的葉片生長茂密，遮蔽出一片蔭涼，汗流浹背的漁民或農夫喜歡在黃槿樹下聊天或下棋。小孩也喜歡黃槿，它的樹幹多彎曲，且在低處就有分枝，相當容易攀爬，濃密的枝葉後方是玩捉迷藏最佳的躲藏處。

夏天是黃槿花盛開的季節，心狀葉叢中，綻放出一朵朵鮮黃色的花兒。大型亮麗的花朵往往吸引滿樹的蝴蝶和甲蟲，孩子們常爬到樹上捕捉金龜子。秋天，花朵結成球形蒴果，果實成熟後開裂，種子隨風飄散。

黃槿花朵於夏天盛開

托葉三角形

花鐘形，黃色。

高度7公尺	樹形　傘形	葉持久性　常綠	葉型

特徵 常綠喬木。葉心形，全緣或不明顯波狀齒緣，具長柄，掌狀脈，托葉三角形，早落。花頂生或腋出，苞片1對，小苞7至10枚，下半部合生，萼5裂，花冠鐘形，黃色，花心暗紅色。蒴果闊卵形。

用途 花大型艷麗、花期長，且枝葉茂盛，是優良的觀賞、庇蔭樹種；因具耐鹽、抗旱的特性，也是海岸防風造林的優良樹種。木材質輕且富彈性，可作家具及各種器具或當薪炭材使用。樹皮多纖維，可製繩索；葉片可供作蒸煮糕粿的枕葉。

分布 熱帶、亞熱帶海濱

俗名 河麻、粿葉樹、鹽水面頭果

推薦觀賞路段

北：台北市台北植物園，台2號省道金山路段。

中：台中市立文化中心前梅川河岸綠地，台1號省道龍井路段。

南：台南市台17號省道喜樹黃金海岸段，高雄市旗津三路、介壽路、公園路、先鋒路、自立一路、河東路，屏東縣墾丁南灣。

蒴果闊卵形，成熟後開裂。

葉心形

黃槿大樹成蔭的模樣

生態現象

黃槿黃色的大型花朵在夏季盛開，常吸引滿樹的金龜子，以青銅金龜和豆金龜類最為常見。花朵奉獻出蜜液和花粉供昆蟲食用，昆蟲在不知不覺中成了黃槿樹的媒婆，將花粉帶到其他花朵上，為樹木完成授粉的終身大事。

使君子科 Combretaceae	*Terminalia boivinii* Tul.	原產地　熱帶非洲

細葉欖仁 Hooppine

　　顧名思義，細葉欖仁和欖仁有親緣上的關係，它們都是使君子科欖仁屬的植物，因為原產於非洲，又稱為非洲欖仁或是小葉欖仁。

　　細葉欖仁和欖仁都是落葉喬木，卻各具風情。細葉欖仁樹形比欖仁纖細，樹幹挺直高躭枝椏分層輪生於主幹上，分明有序，向四周開展。葉細小，形如枇杷。春天時滿樹青蔥，暖洋洋的陽光透過新葉，稀疏的樹影令人神清氣爽。秋天，細葉欖仁的葉片會凋落，凋落前葉片稍呈黃褐色，而不像欖仁換成一身紅葉。冬天，細葉欖仁光禿柔細的身影呈現特殊美感，挺直的枝幹上僅見層層的枝椏，優雅地佇立於大道旁，令人有身處北國的浪漫情懷。

　　細葉欖仁樹形優雅、栽植容易、生長快速，且較少病蟲害，是目前國內大量推廣的行道樹種，因為耐鹽、抗風的特性，也是優良的海岸樹種。

細葉欖仁於春天開花

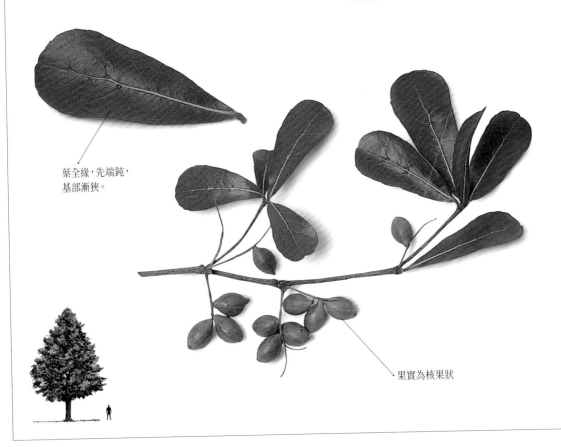

葉全緣，先端鈍，基部漸狹。

果實為核果狀

高度12公尺	樹形　傘形	葉持久性　落葉	葉型

特徵 落葉大喬木，高10至20公尺。側枝輪生，樹冠傘形。葉互生或叢生，倒闊披針形至長倒卵形，先端鈍，基部漸狹，全緣。表面平滑，長3至4公分，寬1至1.5公分。穗狀花序。果實為核果狀。

用途 樹姿優雅潔淨，可供為觀賞用之園景樹或行道樹。木材為建築用材。果皮含鞣質，可作染料。

分布 原產於熱帶非洲，廣泛栽植於全台平地。

俗名 小葉欖仁、非洲欖仁

推薦觀賞路段

細葉欖仁為台東縣縣樹。

北：台北市師大路、仁愛路、士東路、辛亥路、汀州路。

中：台中市中港路、梅川西路、五權西二街、南屯路三段，台中市沙鹿區中山路，中山高速公路泰安休息站。

南：高雄市馬卡道路、十全三路、中山四路、文山路、憲政路、文橫二路、后中路、后安路、佛公路、海邊路、博愛三路、博愛四路，屏東縣沿山公路。

東：台14號省道蘇澳路段。

春天滿樹新綠的樣子

枝椏分層輪生於主幹上

細葉欖仁是台北捷運沿線廣泛栽植的行道樹種

柿樹科 Ebenaceae	*Diospyros discolor* Willd.	原產地　菲律賓、恆春、蘭嶼、綠島

毛柿 Tawian Ebony, Velvet-apple, Mabolo 原生種

台南成功大學的毛柿行道樹

　　毛柿屬柿樹科，因為果實形狀與食用的柿子相似，但布滿紅褐色絨毛而得名。其心材漆黑、材質堅重，也被稱為黑檀。曾經有人將它與烏心石、台灣木察樹、櫸木、牛樟等原生樹種合稱「省產闊葉樹五木」，意指這些樹種是台灣材質最佳的五種闊葉樹。

　　毛柿生長緩慢，樹皮黑褐色，被有縱灰色條紋，枝葉蒼鬱濃密，頗具古意。粗壯的枝條與大型的革質葉片，給人厚實穩重的感覺。和許多柿樹科的植物一樣，毛柿為單性花，且雌雄異株。春天時，毛柿樹上結出朵朵黃白色的小花，雌花的花萼較雄花大。授粉後，雌花漸漸發育為果實，花萼也逐漸增大，宿存於果實的基部，也就是所謂的「柿蒂」。秋天是毛柿果熟的季節，橘紅色、大型肥美的果實掛滿枝頭，把粗壯的枝條壓得低垂。

　　毛柿屬於熱帶樹種，適合生長在高溫、潮濕、半遮蔭的環境。因具有材質佳、樹形美、果實可食用等特性，南部地區許多新植行道樹路段，都選擇了這個動人的樹種。

著果枝條

高度10公尺	樹形　圓形	葉持久性　常綠	葉型 🌿

特徵 常綠大喬木，除葉表外全株密黃褐色毛。葉具短柄，革質，長橢圓形或披針形，先端銳尖，基部鈍或圓，長15至30公分，寬6至10公分，表面深綠而具光澤。雌雄異株，花黃白色，單生，腋出，萼4裂，裂片橢圓形，花冠壺形，4裂，裂片反捲。漿果扁球形，徑約8公分，熟時暗紫紅色，外密長絨毛。

用途 邊材淡黃色，心材漆黑，為黑檀之一種。質極堅重，為名貴木料，常用以製造各種小型用具，如鏡台、屏風、筷子、手杖等。果甜略帶酸澀，多經加糖醃漬後食用。

分布 原產菲律賓、恆春、蘭嶼、綠島，目前台灣南部平地栽植為造林木或行道樹。

俗名 台灣黑檀、毛柿格

推薦觀賞路段

北：台北市台北植物園。

南：台78線東西向快速道路雲林虎尾路段，高雄市河西一路、金福路，屏東縣中興路、丹榮路、沿山公路、恆春熱帶植物園。

東：台東縣知本森林遊樂區。

基部鈍或圓

先端銳尖

葉長橢圓形或披針

果扁球形，外密長絨毛。

毛柿果實在秋天成熟

生態現象

大避債蛾是毛柿樹上常見的昆蟲，名字十分生動有趣。大避債蛾的母親將樹木的枝葉咬碎與吐出的黏液混合，築成一個褐色的簑巢，將卵粒產於巢中。幼蟲出生後，會將簑巢背在身上，移動時僅由頭、胸自巢上方的袋口伸出，取食植物的葉片。背著巢袋行動雖然笨重，卻是躲避鳥類等天敵捕食的好方法。

無患子科 Sapindaceae	*Koelreuteria formosana* Hay.	原產地 台灣

台灣欒樹 Flame Gold 特有種

一聽到這名字，就知道台灣欒樹是土生土長的本土樹種，事實上它不只是台灣特有樹種，更名列世界十大名木之一，跟國外庭園樹種相比一點都不遜色。台灣欒樹樹性強健，生長快速。此外，根據研究，台灣欒樹很耐污染，吸收廢氣的能力是所有行道樹裡最強的。

未開花時的欒樹長相與苦楝頗為相似，都是二至三回羽狀複葉，故又有苦苓舅之稱。台灣欒樹的美四時不斷：春天，新綠初上樹梢；盛夏，滿株濃綠葉；秋季，金黃色的花朵花團錦簇；秋末，初結的果實外覆有嫩紅的苞片；初冬果實轉為紫紅色，冬末蒴果乾枯成為褐色而掉落。四季呈現出不同的色彩，豐富了市容，也為自己贏得「四色樹」的封號。

台北市忠誠路的台灣欒樹行道樹景觀

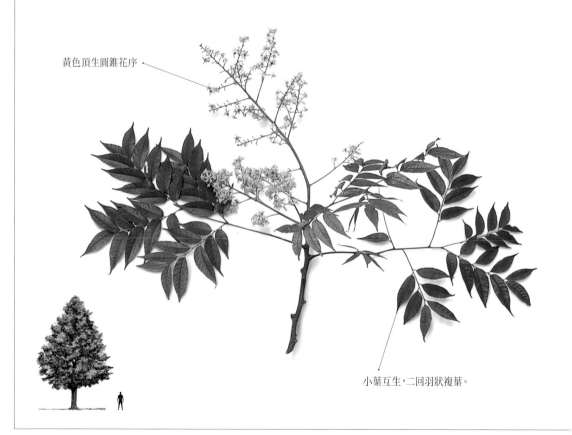

黃色頂生圓錐花序

小葉互生，二回羽狀複葉。

高度10公尺	樹形　圓形	葉持久性　落葉	葉型

特徵 落葉大喬木，高可達15公尺，小枝密布皮孔，樹皮灰褐色。小葉互生，二回羽狀複葉，光滑，小葉9至13對，長卵形至卵形，先端尖，葉緣細鋸齒狀，葉基歪斜。頂生圓錐花序，花黃色，單性，花數5枚。蒴果玫瑰紅色，囊狀三瓣合成，膜質，成熟時變為褐色。種子圓形，黑色，每莢瓣含有2粒。

用途 適作行道樹、園景樹，綠化美化樹種。黃花可提煉成黃色染料，也可入藥，治療眼睛紅腫。圓黑堅硬的種子，稱為木欒子，可穿成念珠。欒樹完整的褐色苞片，是天然的乾燥花。

分布 台灣特有種，分布於低海拔闊葉林陽光強處。

俗名 苦苓舅、拔子雞油、台灣欒華、台灣金雨樹、燈籠樹

推薦觀賞路段

欒樹是台灣四季常見的行道樹，以台北士林的忠誠路及敦化南路二段最為燦爛。全台多處路段與中山高速公路沿線，皆可發現台灣欒樹的蹤跡。

北：台北市忠孝西路、忠誠路、興隆路、敦化南路二段、大安森林公園、辛亥路、羅斯福路。

中：台中市文心南路、三民西路、大平路、精誠路、豐偉路、大川街、大通街，新竹科學園區竹科交流道旁。

南：高雄市民生路。

東：花蓮及台東市區。

花為黃色，基部紅色。

暗紅色的蒴果膨脹成氣囊狀

樹上滿布紅果

生態現象

每當冬季蒴果乾枯時，常引來數量驚人的紅姬緣椿象覓食，同一時間燕子亦抵達，以紅姬緣椿象為食。春天來臨時，果實紛紛落地，蒴果沒了，椿象走了，燕子也飛了，一幅曲終人散的景象，而欒樹又冒出微帶紅色的嫩葉，開始它的四色景觀循環。如有機會，可別錯過如此美麗豐富的生態現象。

無患子科 Sapindaceae	*Litchi chinensis* Sonn	原產地　熱帶亞洲

荔枝 Litchi

　　荔枝自古以來就是一種名貴的水果。古稱「離枝」、「丹荔」，被譽為百果之王，品種很多，以「掛綠」、「糯米」、「桂味」及「黑葉」為佳。

　　原產中國大陸廣東，到了漢代才傳到中原。漢武帝吃了荔枝後，非常喜歡，特地在長安建了一座「扶荔宮」，種植從廣東移來的一百棵荔枝樹，不過荔枝是亞熱帶果樹，在長安根本種不活。到了唐明皇的時候，因為楊貴妃喜歡吃荔枝，因此將品質最好的荔枝由廣東快馬運送到長安；杜牧為此作詩「長安回首繡成堆，山頂千門次第開；一騎紅塵妃子笑，無人知是荔枝來。」

　　荔枝最早是跟著大陸移民一起來到台灣落地生根，由於具有庭園綠化及生產水果的附加經濟價值，受到一般農民喜愛。台灣中南部的氣候冬春乾燥，夏秋多雨，很適合荔枝生長，所產荔枝足可和廣東、福建媲美。

暗紅色核果球形，表面有小瘤狀突起。

高度10公尺	樹形　橢圓形	葉持久性　常綠	葉型

特徵 常綠喬木，嫩枝帶鏽褐色毛茸，枝上密布皮孔。偶數羽狀複葉，互生，小葉2至4對，對生，披針形，葉端銳，葉基鈍，全緣，兩面平滑，革質，羽狀側脈8至13對，總柄基部肥大。春天開花，頂生圓錐花序，花小，量多可達千朵或更多，無花瓣，花黃綠色。核果球形或卵形，果皮暗紅色，有小瘤狀突起。

用途 果樹，假種皮供食用。荔枝富含蛋白質、果糖、蔗糖、脂肪、維生素A、B、C和果酸、檸檬酸等多種成分，還含有多種氨基酸，孕婦食之可改善不適症狀，對虛寒性體質也有助益。

分布 中國大陸、菲律賓、台灣等地區。台灣目前多栽培於台灣中南部。

俗名 荔支、離枝、丹荔

推薦觀賞路段

北：台北市台北植物園，新竹市香山地區果園。

中：台中神岡及南投山區果園。

南：台南市及高屏地區農村地區，嘉義市後庄里。

東：花東地區農村地區。

偶數羽狀複葉

夏天為荔枝結果時期

荔枝是農村地區常見的綠化果樹

生態現象

荔枝是良好的蜜源植物，開花時，會吸引大量採蜜昆蟲前來。除此之外，其果肉和種子並非完全密合，能夠輕易地把兩者剝離，因為荔枝利用肥厚多汁的「假種皮」來吸引傳播者取食，以助散播種子。

夾竹桃科 Apocynaceae	*Thevetia peruviana* Merr.	原產地　熱帶美洲

黃花夾竹桃 Yellow Oleander

　　黃花夾竹桃是夾竹桃科的常綠直立灌木，植株高度大約是3公尺左右。全株光滑無毛，有乳汁，樹皮棕褐色，皮孔明顯。

　　黃花夾竹桃有著喇叭狀的黃花、可愛的菱形果實和細細長長的葉子，在陽光下顯得美麗而高雅，全年均能開花，花具芳香，是很好的觀賞樹種。儘管如此，它卻是有毒植物，莖、葉及乳汁都有劇毒，以種子最毒；誤食會產成惡心、嘔吐、腹瀉等症狀，在野外可得小心。

台1線屏東麟洛段的黃花夾竹桃行道樹

線狀披針形葉

葉互生

喇叭狀黃花

高度3公尺	樹形　圓形	葉持久性　常綠	葉型

特徵 常綠小喬木或灌木，莖頂分枝多且葉茂盛，全株具白色乳汁，有毒。葉線狀披針形，兩端均銳，互生，有光澤，側脈不顯著。花鮮黃色，後漸變為淡黃紅色，漏斗狀，喉部具5枚卵形鱗片，散開於植物枝端。核果扁三角形，種子1粒，兩面凸起，堅硬。

用途 主要用途為行道樹及庭園樹。毒性具藥效；全草搗碎於食物中，加入一成的藥劑，可用來誘殺蒼蠅，是相當環保的殺蟲劑。在衣櫃或抽屜角落裡放上一些新鮮夾竹桃的花卉或枝葉，則具有驅趕蟑螂之功能。

分布 巴西，中國大陸華南各省區及台灣常見栽培。目前台灣各地公園零星栽植。

俗名 黃花狀元竹、酒杯花、番子桃、竹桃、吊鐘花、柳木子、台灣柳、相等子、灑杯花、樹都拉

推薦觀賞路段

黃花夾竹桃為台灣常見行道樹及公園綠化樹，目前廣為栽植。

北：台北市台北植物園，中山高速公路台北交流道。

中：台中市中興大學、台中港區、市政中心。

南：高雄市高雄都會公園、鼓山二路、鼓山三路、向南、河北路，屏東縣恒春熱帶植物園。

東：花蓮縣鯉魚潭風景特定區。

莖頂分枝多且葉茂盛

核果扁三角形，種子1粒，兩面凸起，堅硬。

生態現象

夾竹桃科的植物上經常有大量的蚜蟲、介殼蟲與螞蟻共生。在中南部偶爾也會見到夾竹桃天蛾。

| 紫葳科 Bignoniaceae | *Tabebuia chrysantha* (Jacq.) Nichols | 原產地　熱帶美洲 |

黃金風鈴木 Golden Bell Tree

黃金風鈴木是原產於南美洲的落葉性喬木，為巴西國花。性喜高溫，故在台灣中南部開花情形較北部良好。由於極具景觀價值，所以目前被大量栽植作為公園及行道樹綠化樹種。

黃金風鈴木會隨著四季變化而更換風貌。春天時枝條葉疏，色彩鮮艷的風鈴狀黃花掛滿樹梢，將枝條點綴成金黃色的「仙女棒」，形成一片引人目光的金黃亮麗花海。夏天一到，它就換上了綠衣裳，樹間掛著細長飽滿的果實；秋天枝葉繁盛，一片綠的景象；冬天樹葉落盡，只剩下枝條，呈現淒涼之美。雖然花期只有10天左右，但春、夏、秋、冬各展現不同的風貌，是非常富變化的行道樹。

台南市區的黃金風鈴木行道樹，開花時非常美麗。

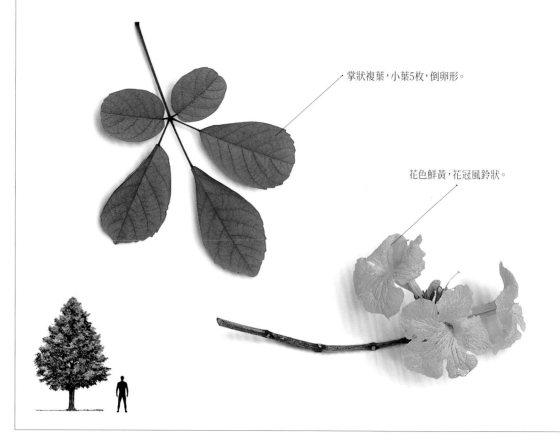

掌狀複葉，小葉5枚，倒卵形。

花色鮮黃，花冠風鈴狀。

高度5公尺	樹形　橢圓形	葉持久性　落葉	葉型

特徵 落葉喬木。掌狀複葉，小葉5枚，倒卵形，有疏鋸齒，近基部為全緣略作波狀，全葉被褐色細絨毛，觸感粗糙。春季約3月間開花，花冠漏斗形或風鈴狀，5裂，花緣皺曲，為兩側對稱花，花色鮮黃。果實為蒴果，向下開裂，有許多絨毛以利種子散播。

用途 行道樹，庭園樹。

分布 南美洲的巴西、烏拉圭等地區。台灣目前大多栽植於中南部。

俗名 伊蓓樹、黃絲風鈴木、黃金風鈴木、毛風鈴、艷陽樹

推薦觀賞路段

黃金風鈴木是台灣校園及公園綠地常見的綠化樹種，由於開花時非常美麗，所以在全台多處大專院校及公園，皆可發現它的蹤跡。

北：台北市立動物園。

中：台中市國立自然科學博物館、台中市石岡區。

南：台南市林森路、東豐路，嘉義縣竹崎鄉，高雄市澄清湖。

東：宜蘭縣冬山河親水公園，花蓮市區行道。

蒴果成熟時為褐色

黃金風鈴木於春季3月間開花

樹幹有縱裂紋路

生態現象

黃金風鈴木的景觀四季分明，展現不同的美感。它的枝條輕軟纖細，紋路清晰的掌狀複葉就如手掌一樣，非常容易辨識。觀賞時可得小心，因為其花朵及果實上的細毛有毒，不小心觸碰到，會產生癢癢的不舒服感。

無患子科 Sapindaceae	*Dimocarpus longan* Lour	原產地 亞洲熱帶、亞熱帶

龍眼 Dragons Eye, Longan

　　龍眼又名桂圓，係熱帶地區的常綠喬木，原產中國大陸南部的福建、兩廣、四川等地。台灣龍眼引進自中國大陸，栽培歷史極久，台灣南部氣候偏熱帶，高大的龍眼樹到處可見。每年3、4月間開花，近秋天時果實成熟，纍纍果實滿布枝頭。

　　很多人會把龍眼和荔枝搞混，兩者雖然都是果樹，但是還是有不同的地方，只要用手摸一下葉子就知道了；葉子較小且為革質（較厚、硬）便是龍眼，葉子較大且為紙質（較薄、軟）便是荔枝。龍眼僅限栽培於亞熱帶北回歸線附近一帶，因此台灣中南部的低海拔山地最為適合栽培，現為台灣夏季主要水果之一。

樹形優美的龍眼樹

著果枝條

高度10公尺	樹形　圓形	葉持久性　常綠	葉型

特徵 常綠中喬木。葉為偶數羽狀複葉，互生，橢圓形，革質，全緣，小葉2至4對。每年3月下旬至4月開花，圓錐花序頂生或腋生。花單性與兩性共存，黃白色。果實7至8月成熟，球形，深褐色；假種皮肉質可食。

用途 龍眼的果實可食用，也可加工成龍眼乾、龍眼肉、龍眼膠、龍眼醬、龍眼罐頭、水果酒等。

分布 為熱帶果樹，印度、中國大陸華南地區、福建、兩廣、四川、台灣地區皆有栽植。台灣目前多栽培於中南部地區。

俗名 桂圓、福圓

推薦觀賞路段

北：新北市烏來及三峽郊區生態園區，台北市大直永安國小、北投中和路。

中：中寮地區及南投山區果園。

南：台南市及高屏地區農村行道。

東：花東地區農村行道。

果實球形，深褐色。

偶數羽狀複葉

每年7、8月，龍眼樹結實纍纍的景觀。

生態現象

每逢春初，金黃色與銀白色相間的龍眼花漫山遍野，耀人眼目。龍眼花盛開時節，香風十里，此時正是養蜂採蜜之良機，養蜂人家紛紛把蜂籠移至山上，以採集一年一度的龍眼花蜜。

| 露兜樹科 Pandanaceae | *Pandanus tectorius* Linn. f. | 原產地　台灣全島海岸 |

林投 Screw-pine 原生種

植株具支持根，常生長為灌叢狀。

　　「林投」在台灣總讓人聯想起那淒美陰森的林投姐故事，但實際上林投樹是十分有用且特別的植物呢！林投常成叢聚生在海岸林的最前線，或與草海桐、黃槿等混生，構成海岸灌叢，是防風定砂的優良植物。林投果很像鳳梨，是由多數核果聚集在一起，它的種子是包在一層厚厚的纖維內，可以防止海水直接接觸種子，果實富含充氣組織、質輕，可以浮在水上，這樣可以讓林投隨著海洋漂流，散播各地，真是一種很奇妙的傳播方式，許多海漂植物的種子也都類似這樣。林投的氣生根能直接吸收空氣中的水蒸氣，使林投樹在完全沒有淡水的供應下，仍能生存下來。在高溫炎熱的環境下，林投大量地吸收太陽的熱量，並將熱轉化為樹根強勁的吸水力，使環境阻力化為助力，很神奇吧！林投果成熟後往往因為太重而下垂，於是氣生根進入土地後，就成為「支柱根」支撐林投樹，在海風與海浪的雙重侵襲，不僅能毅立不搖，還能把樹邊的砂子都保留下來，所以林投樹能保護土地不讓海浪侵蝕。

葉細長，葉緣具銳利倒刺，
在海邊活動時易為其所傷。

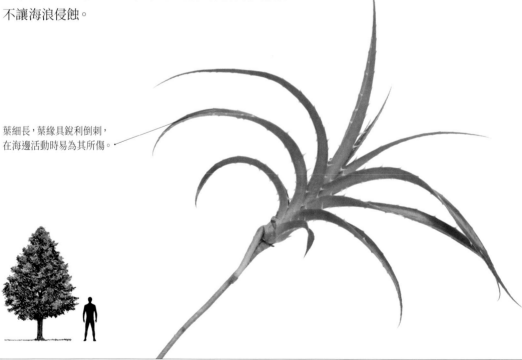

高度3～5公尺	樹形　不規則形	葉持久性　多年生	葉型　葉簇生於枝頂

特徵 多年生有刺灌木，樹幹具有環狀葉痕，常從莖幹生成大形支柱根。葉聚生於莖頂，長披針形，螺旋狀排列，硬革質，先端尾狀銳尖，基部成為鞘狀，葉緣及葉背中肋均有銳刺。夏、秋開花，有濃香氣，雌雄異株，頂生肉穗花序，佛燄花苞白色。聚合果球形，熟時橙紅色，似鳳梨。

用途 為海邊常見的防風定砂植物，也是安定邊坡、減少沖蝕的理想植物。木材柔軟而富含纖維有彈性，可當臨時建材，葉供草編。林投的根可以治療傷寒、眼熱及甲狀腺種；嫩芽可治狂熱，並可以治療癩疔；莖頂芽可做菜餚，果實基部成熟可食。以根、果和果核入藥，有清熱解毒、利水化痰、行氣止痛之效。

分布 台灣農村旁、路邊、山谷、溪邊及濱海地區到處皆可見。

俗名 露樹、華露兜、榮蘭、阿檀、露兜樹、野菠蘿、假菠蘿、勒菠蘿、山菠蘿、婆鋸筋、豬母鋸、老鋸頭、勒古、水拖髯

推薦觀賞路段

林投是台灣農村旁、路邊、山谷、溪邊及濱海地區中非常易見的原生樹種，在全台濱海公路多處路段皆可發現它的蹤跡，是一種常見的綠化樹種

北：植物園、東北角海岸公路旁

中：濱海地區海邊道路、中興大學校園

南：屏鵝公路旁、澎湖海濱林投公園

東：蘭嶼、綠島、東海岸風景區

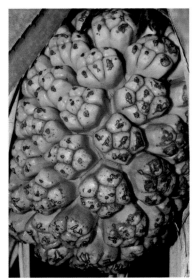

熟果橘色，果實基部柔軟可食。

未熟果綠色，形似鳳梨。

生態現象

熱帶地區，椰子蟹會在夜間爬上林投樹，用它粗壯的大螯剪下成熟的果實來享用。花有濃郁香氣，是蜜蜂的良好蜜源食物。

榆科 Ulmaceae	*Zelkova serrata* (Thunb.) Makino	原產地　台灣、中國大陸、日本

櫸樹 Taiwan Zelkova

　　櫸樹為台灣的原生樹種，葉片有鋸齒，摸起來粗粗的感覺；春天時它會開出淡黃綠色的小花，冬天時會落葉是一種四季分明之樹種。櫸樹抗風、旱及蟲害，而且壽命很長，所以很多人把她當為吉祥的象徵。櫸樹的樹皮看起來斑駁老舊，自然狀態下會一片一片剝落，非常有趣。櫸樹的木材刨削過後會有油油的感覺，看起來就好像是塗抹上一層雞油般的光亮，所以又被稱為「雞油」。櫸榆和櫸樹外形近似，但要如何區分這兩種植物呢？其實不難，首先來摸摸葉子，櫸榆葉子是革質的，摸起來較厚、較硬而櫸樹葉子是紙質的，摸起來較軟。再來就看看葉子的形狀，櫸榆葉子是歪斜的，葉脈兩側很不對稱而櫸樹葉脈兩側就對稱多了。而後再看果實的外觀，櫸榆的果實是翅果而櫸樹的果實則是核果，是不一樣的。最後就是看花期了，櫸榆秋季開花，櫸樹春天開花，兩者開花時節也是不同的。

櫸樹是落葉大喬木

雄花的花藥明顯

樹皮不規則雲片狀剝落

枝條向四方斜向生長

高度8～25公尺	樹形　開展倒三角形	葉持久性　落葉	葉型　

特徵 落葉大喬木，枝條向四方斜向生長，多分歧。幹皮灰褐色，幼木樹皮光滑，老木樹皮則具不規則雲片狀剝落。單葉互生，長卵形，漸尖頭，鋸齒緣，紙質，葉面粗糙。落葉變成紅、黃色。雌雄同株，花小，淡黃色，腋生，開花期2～3月，花與新葉共開。核果歪斜扁球形，呈褐色。

用途 性強健，成長快速，耐風抗瘠，常為行道樹、公園、綠地之主木。其樹幹材質堅硬，為高級建築、家具用材，行道樹、公園、綠地之主木。

分布 分布日本、韓國、大陸及台灣全島海拔300～1,000公尺附近。

俗名 台灣櫸、雞油、櫸榆、櫸木

推薦觀賞路段

櫸樹是台灣中低海拔常見的原生樹種，由於樹形優美，而且秋冬落葉前會變黃，所以近年來已被大量利用來當公園景觀樹種。

北：台北市大安森林公園，拉拉山

中：台中都會公園

南：高雄藤枝森林遊樂區、高雄都會公園

東：海岸山脈低海拔山麓

樹形優美是具良好的行道樹樹種

雌雄同株，花腋生。

生態現象

對空氣污染抗害力弱，故受害時會有夏季異常落葉現象，可以作為空氣污染之指標植物。

| 豆科 Fabaceae | *Delonix regia* (Boj) Raf. | 原產地　非洲馬達加斯加島 |

鳳凰木 Flame of the Forest, Flamboyant Tree, Flame Tree

　　不知從何時開始，遠從非洲馬達加斯加島渡海而來的樹種「鳳凰木」，竟成了提醒國內學子畢業季節到來的指標。驪歌響起之際，鳳凰木枝頭上竄出一簇簇火焰般艷紅的花朵，蔓延了整個樹梢，有時又如飛舞的蝴蝶，鮮紅中帶著黃暈，是夏季最亮眼的樹種之一。

6月是鳳凰花開的季節

　　鳳凰木植株高大，可達20公尺以上，樹冠開闊似傘，必須在陽光普照的空曠處才能盡情地生長。其葉子是由一百多片小葉組成的羽片，再由十幾對羽片組成功大學型的羽狀複葉，一片葉子上的小葉數最多可達二千枚以上。花5瓣，具長柄，盛夏時如爪狀開展，花後結成長長的果實。木質化的莢果，尺餘長，像把小彎刀，裡面有數十顆種子。

　　鳳凰木為陽性樹種，喜歡高溫、多日照的環境。雖有熱情艷麗的容顏，但若誤食花和種子，會有頭暈、腹痛等中毒症狀。

高雄市中華路的鳳凰木行道樹

葉為二回羽狀複葉

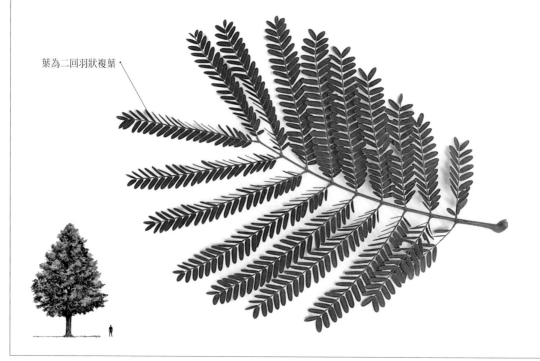

高度15公尺	樹形　傘形	葉持久性　落葉	葉型

特徵 落葉喬木，樹冠傘形，常具板根。葉為二回羽狀複葉，羽片8至20對，小葉對生，橢圓形，全緣。總狀或圓錐花序頂生，萼肉質，5裂，花瓣5枚，鮮紅色帶黃暈，具長柄，雄蕊10枚。莢果木質，熟時深褐色，內含種子40至50粒。

用途 可栽植作為園景樹、遮蔭樹、行道樹。

分布 原產非洲馬達加斯加島，亞熱帶及熱帶地區廣泛栽植。

俗名 火樹、洋楹、金鳳、影樹、紅火楹、火焰樹、森之炎

> ### 推薦觀賞路段
>
> 鳳凰木的英名為森之炎，相傳從前有位航海家行經馬達加斯加島時，見到鳳凰木開花驚呼為森林大火之故。鳳凰木於1897年引入台灣，為台南市市花。
>
> 北：台北市台北植物園、承德路、福國路、通河東街。
>
> 中：台中市五權西二街、台中市立文化中心前梅川河岸綠地。
>
> 南：嘉義市嘉義樹木園，台南市中華東路、小東路，高雄市中華一路、中華二路、介壽路、左楠路、後昌路、飛機路、勝利路、鼓山一路、鼓山三路、同盟三路、河東路、愛河綠地，屏東縣恆春熱帶植物園。
>
> 東：花蓮市明禮路。

花瓣5枚，鮮紅色帶黃暈，具長柄。

莢果木質，熟時深褐色。

開裂之果莢

種子

生態現象

鳳凰木夜蛾、咖啡木蠹蛾、小白紋毒蛾和大避債蛾都是鳳凰木樹上的常客。鳳凰木夜蛾以鳳凰木的葉片為食，夏、秋之間，如果發現鳳凰木的葉片被啃食殆盡，通常都是鳳凰木夜蛾的幼蟲所造成。幼蟲成長後結繭於枝條或樹幹上，成蟲深褐色具斑紋。

| 豆科 Fabaceae | *Erythrina corallodendron* L. | 原產地　北美 |

珊瑚刺桐 Coral-bean Tree, Coral-Tree

　　原產熱帶美洲的珊瑚刺桐屬於刺桐屬，樹高可達
10至15公尺，樹皮淡灰色，凸凹不平。枝幹上常長滿了
瘤狀黑刺，這些黑刺可說是珊瑚刺桐一個最容易辨認
的特徵了。

　　珊瑚刺桐是落葉小喬木，春夏間枝頭開滿珊瑚般
的火紅色花串，不見綠葉，只見彎刀形的叢叢紅花，像
公雞頭上的羽毛般昂揚，因此又稱為「雞公樹」。秋天
時，全株長滿了小葉，綠意盎然；冬天時，葉落枝枯，一
片蕭條，因此珊瑚刺桐有「四季樹」之名。由於具有四
季分明這種特徵，相傳早期的農民靠它辨年識月。值得
注意的是，雖然珊瑚刺桐如此鮮艷美麗，靠近它時可得
小心一點，因為其葉柄上長了許多刺，很容易被刺傷。
更要注意的是，它的樹皮和新鮮種子的汁液會破壞動
物的神經系統，如果誤食，會產生頭昏的症狀。

公園綠地的珊瑚刺桐行道樹景觀

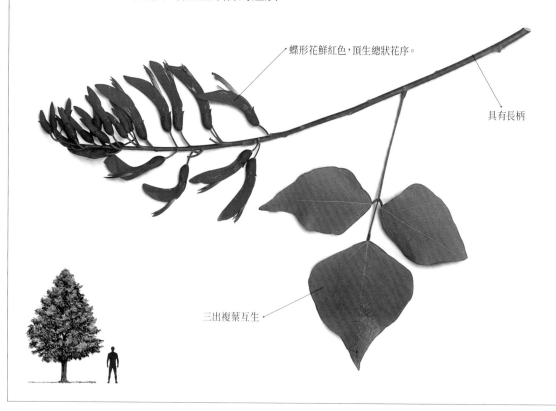

蝶形花鮮紅色，頂生總狀花序。

具有長柄

三出複葉互生

高度5公尺	樹形　不規則形	葉持久性　落葉	葉型

特徵 落葉小喬木，樹株矮，枝條開展而細長，全株有不明顯小刺。三出複葉，互生，有長柄；小葉具短柄，卵狀菱形，小葉基部有一對腺體，葉柄上有倒刺。花期春到秋季，花軸較其他刺桐類長，鮮紅色，總狀花序，5瓣，蝶形，頂生。莢果念珠狀，種子紅褐色，橢圓形。

用途 除可作為庭園美化樹種外，亦可供盆栽、防風樹栽植。

分布 生性極強健，台灣全島平地至海拔500公尺以下均可見。

俗名 龍牙花、英雄樹、雞公樹、四季樹、一串紅、象牙紅、珊瑚樹

推薦觀賞路段

由於珊瑚刺桐的樹形優美，而且具有非常強的生長能力，是台灣常見的公園綠化及行道樹樹種。

北：台北市天母古道、大安森林公園、中山女高，新竹市清華大學校園。

中：台中市中興大學校園。

南：高雄市的高雄都會公園以及澄清湖。

東：東部各大專院校及公園。

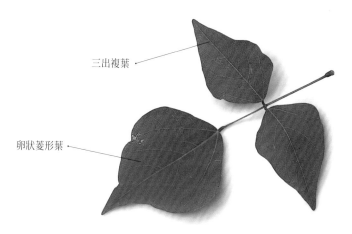

三出複葉

卵狀菱形葉

花期春到秋季，滿樹盛開非常美麗。

開花時火紅模樣

生態現象

珊瑚刺桐的花期很長，而且會分泌許多花蜜吸引鳥類來吸食，常見成群的綠繡眼和松鼠取食花蜜或小蟲，也順便傳花授粉。

| 豆科 Fabaceae | *Erythrina crista-galli* L. | 原產地　熱帶美洲 |

雞冠刺桐 Cockspur Coralbean, India Coral Tree

　　雞冠刺桐與珊瑚刺桐同是豆科家族的成員，兩者的花都是長條形，且具有鮮紅色光澤，非常搶眼。乍看之下兩者十分相似，但仔細分辨還是有些不同：珊瑚刺桐花期甚長，幾乎終年可見花開，而雞冠刺桐只有在夏季開花。

　　雞冠刺桐因為蝶形花的旗瓣寬闊、色彩鮮紅，有點類似雞冠而得名；只要開花，那造型特殊的花瓣遠遠就可以吸引人們的目光。

雞冠刺桐開花模樣

鮮紅色花，總狀花序。

高度5公尺	樹形　不規則形	葉持久性　落葉	葉型

特徵 落葉小喬木，小枝、葉柄、中肋均具有稀疏短鉤刺。葉互生，三出複葉，小葉卵形，葉子的邊緣及葉面、葉背都十分平滑，葉長約7至10公分，寬3至5公分。羽狀脈4至6對，革質。花期夏季，花大，鮮紅色，腋生總狀花序，雄蕊花葯黃色，裸露，旗瓣倒卵形與龍骨瓣等長，翼瓣發育不完全。莢果長10至30公分，內有種子2至6枚。

用途 由於樹形優美，而且具有非常強的生長能力，所以常被栽植做行道樹，亦為海岸防風樹種。

分布 原產南美洲巴西，1910年引進台灣，引進後廣泛栽植於全台灣，目前許多居家庭院、花園中可以見到。

俗名 海紅豆、雞公樹、冠刺桐

推薦觀賞路段

北：台北市的台北植物園、大直國小，萬里靈泉寺到天祥寶塔禪寺間，新竹市清華大學。

中：台中市台中都會公園。

南：高雄市立陽明國民中學、三鳳宮，台南市烏山頭水庫。

東：花東地區各級學校，台東豐年機場。

莢果長10至30公分，黃褐色。

樹幹有明顯裂痕

葉互生，三出複葉，小葉卵形。

果實成熟時下垂

生態現象

大多數鳥類為雜食性，其食物來源可能包括昆蟲、兩棲類、爬蟲類及植物等，而植物可提供鳥類為食者，主要為嫩葉、花（蜜、粉）及果實（種子）等。尤其以花和果實占的比例較高。雞冠刺桐就是用花來吸引鳥類的。

豆科 Fabaceae	*Erythrina variegata* L.	原產地　熱帶亞洲、美洲

黃脈刺桐 Variegated erythrina

　　黃脈刺桐是刺桐的變異種，樹幹上有顆粒狀的瘤刺。葉片主脈紋呈黃色與綠色葉肉對比鮮明，因此才被稱為黃脈刺桐。黃脈刺桐葉為三出複葉，小葉菱形或闊卵形。每年春初新葉尚未萌發之前，開花於莖頂，花為總狀花序，花瓣鮮紅或橘紅色。花盛開時往往密集於枝梢，而樹葉尚稀疏，遠遠只見滿樹紅花，像火炬一樣醒目。

　　黃脈刺桐其實很好辨認，花朵鮮紅，葉脈具明顯金黃色斑條，比一般刺桐更富觀賞價值，常被栽植做行道樹。

黃脈刺桐極富觀賞價值

三出複葉，葉片主脈紋呈黃色。

高度5公尺	樹形 圓形	葉持久性 落葉	葉型

特徵 落葉喬木，枝粗，有黑刺，樹皮淺灰色。葉脈有明顯金黃色斑條，葉互生，三出複葉，葉柄長，基部有一對蜜腺，小葉卵狀三角形，中肋及羽狀側脈為黃色。總狀花序，鮮紅色花朵密集於枝梢，春至秋季開花。果實為莢果。

用途 由於黃脈刺桐生長迅速、花朵艷麗，普遍為台灣各鄉鎮市公所及學校栽植，作為行道樹、公園綠蔭及校園綠樹。此外因姿容美艷，也常用來做庭園造景或盆栽。

分布 分布於熱帶亞洲、美洲。台灣全島各級學校及公園常見栽植。

俗名 斑葉刺桐

推薦觀賞路段

北：台北市承德路七段、大直街、文林北路、內湖公園、台灣大學校園。

中：台中市中興大學校區、國立自然科學博物館植物公園。

南：屏東光春國中，高雄市後勁中油廠區、文藻外語學院。

東：台東豐年機場附近。

樹幹上有顆粒狀的瘤刺

台北市文林北路上的黃脈刺桐行道樹

鮮紅色花朵密集於枝梢

生態現象

黃脈刺桐性喜高溫環境，耐瘠，適合生育適溫約攝氏23至30℃，所以非常適合台灣的生態環境。

| 豆科 Fabaceae | *Erythrina variegata* L. | 原產地　熱帶亞洲 |

刺桐 India Coral Tree, Tiger's Claw 原生種

　　刺桐是台灣低海拔常見的落葉喬木，因葉形似梧桐，樹枝上長滿瘤狀銳刺，故名刺桐。

　　刺桐是台灣非常普遍的原生樹種，以刺桐為地名的鄉鎮不可勝數，比較有名的如雲林縣刺桐鄉、屏東縣刺桐腳，以及有刺桐城之稱的台南府城。刺桐主要分布在熱帶亞洲及太平洋諸島的珊瑚礁海岸，英文名稱為「珊瑚樹」；又因枝幹上的刺像極了「老虎爪」，所以也有此別名。

　　每當刺桐花開的時候，便是春天降臨的時節。不論是台灣島上的平埔族人、卑南族人、阿美族人、排灣族人，抑或是居住在蘭嶼島上的達悟族人，都是以刺桐開花的季節做為工作曆的指標，可說與台灣住民有著極為密切關係。

　　刺桐的拉丁屬名為希臘文「紅色」的意思。每年的2月，火紅的刺桐花從菲律賓燒到蘭嶼及東部沿海之後，飛魚季也跟著來臨，噶瑪蘭人及達悟族人都在刺桐花開時候，進行招魚祭儀式，期待當年的豐收。

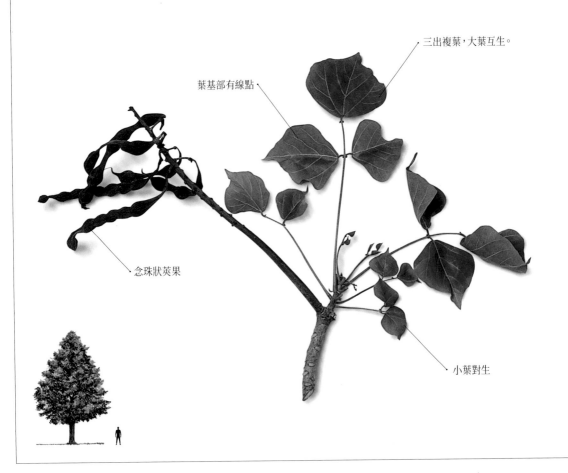

三出複葉，大葉互生。

葉基部有線點

念珠狀莢果

小葉對生

高度10公尺	樹形　圓形	葉持久性　落葉	葉型

特徵 落葉大喬木，具刺，株高10至15公尺，樹皮淡灰色，有凹凸，粗枝，有瘤狀黑刺。三出複葉，有長柄，葉柄基部有蜜腺一對，多數葉片叢生在枝條頂端，葉長寬各10至15公分。總狀花序，長20至25公分，先開花再長葉，有毛，頂生，花大型，長8至10公分，橙紅色，蝶形。莢果呈念珠狀，種子深紅色。

用途 適合作為庭園樹、防風樹

分布 印度、馬來西亞、琉球、太平洋諸島、台灣。刺桐原生於台灣南部及蘭嶼、綠島等地。

俗名 梯枯、雞公樹、大冇樹

推薦觀賞路段

刺桐是台灣低海拔山麓易見的原生樹種，加上花朵艷麗，在全台農村、校園及各大風景區都可發現它的蹤跡。

北：台北市台北植物園、西藏路、北投公園。

中：台中市台中都會公園、國立自然科學博物館。

南：台南市區道路，嘉義埤子頭植物園。

東：台東市卑南文化公園。

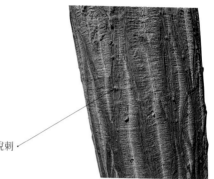

樹幹有銳刺

嘉義埤子頭植物園的刺桐樹種植情形

總狀花序，先開花後長葉

生態現象

每到初春，刺桐的紅花開滿枝頭，常吸引綠繡眼等鳥類爭相取食花蜜。

木麻黃科 Casuarinaceae	*Casuarina equisetifolia* Forst	原產地　澳洲、東印度

木麻黃 Polyesian Iron Wood

　　一般人常誤以為木麻黃那綠色柔軟的細枝就是葉子，其實如果仔細觀察，會發現木麻黃的細枝上有節，把細枝一節節拔開，每節上有6至8片的輪生細齒狀鱗片，那才是真正的葉。木麻黃的葉子會這樣特別，是為了要適應原生地乾燥氣候所演化而成。

　　木麻黃在台灣常被種植成防風林，由於它全株都是細絲狀的枝椏，能讓風從空隙間滑過，不致造成樹的壓力，所以就算在刮著強風的海邊，也能長成高大的喬木。遠遠望去，它的樹姿和松樹還頗有幾分相似哩！

道路常見的木麻黃行道樹

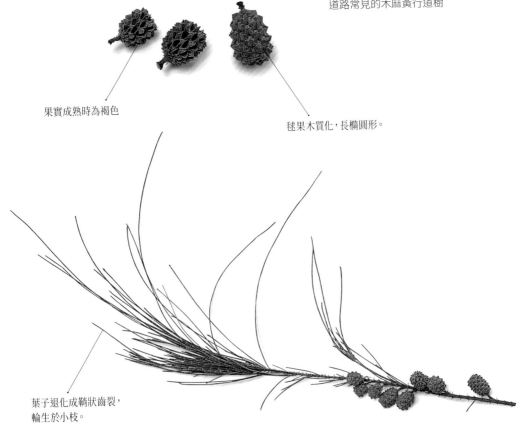

果實成熟時為褐色

毬果木質化，長橢圓形。

葉子退化成鞘狀齒裂，
輪生於小枝。

高度15公尺	樹形　圓形	葉持久性　常綠	葉型

特徵 常綠大喬木。樹皮有細縫,長片狀剝落,質地疏鬆。小枝線狀,細而多節,淡綠色。葉子退化成鞘狀齒裂,輪生於小枝。花期5至6月,雌雄同株,雄穗頂生,細圓柱形,灰褐色;雌穗腋生,橢圓形,紅色。毬果木質化,長橢圓形,裂開時可放出種子。

用途 耐旱又耐潮,多用在綠籬、行道樹、防風樹。台灣西海岸地區所栽植之木麻黃防風林,對於防風、定砂有卓越的功效。

分布 澳洲、東印度、馬來半島、印度及緬甸。1910至1913年之間約有20多種木麻黃引進台灣,目前僅存4、5種,其中以木賊葉木麻黃栽植最普遍。在台灣廣植於濱海地區作為防風之用。

俗名 牛尾松、木賊葉木麻黃、木賊

推薦觀賞路段

木麻黃是台灣校園常見的綠化樹種,全台多處大專院校皆可發現它的蹤跡;中部濱海地區農田及海邊道路隨處可見。

北:台北市台灣大學校園、台北植物園、士林官邸旁。

中:濱海地區農田及海邊道路。

南:高雄市中山路、建國路、鼓山路、河南路、河北路、旗津,屏東縣大鵬灣濱海遊樂區附近。

東:花蓮亞洲水泥廠房。

雄穗頂生,細圓柱形,灰褐色。

雌穗腋生,橢圓形,紅色。

生態現象

木麻黃是少數具有根瘤的非豆科植物,由於根瘤裡的根瘤菌可以固定空氣中的氮,因此在貧瘠的土壤地也能生長,很適合做行道樹及防風樹。目前在農村稻田旁還常可見整排的木麻黃。

| 梧桐科 Sterculaceae | *Sterculia foetida* L. | 原產地　亞洲熱帶、非洲熱帶、澳洲北部 |

掌葉蘋婆 Hazel Sterculia, Hazel Bottle Tree, Horse Almond

　　掌葉蘋婆在分類上與蘋婆為同一屬的植物，因具有掌狀複葉而得名，是熱帶地區著名的觀賞樹種。

　　春天，掌葉蘋婆同時長出新葉與花苞，隨著掌狀葉漸漸地開展，葉片由紅色轉成翠綠；枝條上的圓錐花序也掛滿深紅色的鐘形小花，飄送著淡淡的香味。果實為蓇葖果，成熟後會開裂，果皮紅色，形狀像木魚，常常5、6個長在同一枝條上，集合成一大串，大型而冶艷。它的樹形壯碩，高挺的路樹使南台灣的街道洋溢著熱帶風情。冬天，葉片逐漸凋落，僅剩昂揚的枝幹挺立於呼嘯的北風中。

　　掌葉蘋婆引進台灣雖已有100年以上，但以往只有零星種植，因具生長快、樹形佳等優點，近年來漸漸為人們所重視，南部地區許多新植行道樹的路段，都不約而同地選擇了掌葉蘋婆。

掌葉蘋婆是中南部常見的行道樹

花序常為紅色

未開裂的果實

高度15公尺	樹形　圓形	葉持久性　落葉	葉型

特徵 落葉喬木，幼嫩部分具黏質，全株光滑無毛。掌狀複葉，葉具長柄，小葉6至9枚，革質，橢圓狀披針形，基部漸尖，先端尾狀，全緣。花單性或雜性，圓錐花序，紅、黃或淡紫色，具強烈氣味，萼5裂，雄蕊筒細長，子房柄與雄蕊筒等長，子房有毛。蓇葖果木質，紫紅色，光滑，內含黑色種子10至15粒。

用途 樹形美觀，可供庭園庇蔭樹、行道樹。木材可作各種器具。種子含豐富澱粉，可炒食、炸油或當藥用。

分布 亞洲熱帶、非洲熱帶、澳洲北部

俗名 裂葉蘋婆

推薦觀賞路段

台灣於1900年間自印度引進掌葉蘋婆。

北：台北市市府路。

中：台中市太原北路、梅川東路。

南：嘉義市嘉義樹木園，高雄市凱旋四路、河東路、莊敬路、武營路、東亞路、建軍路、澄清湖，屏東縣墾丁森林遊樂區。

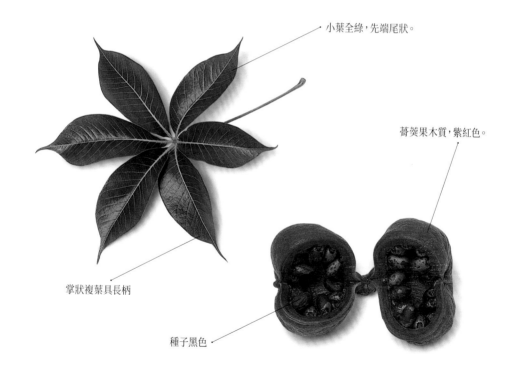

小葉全綠，先端尾狀。

蓇葖果木質，紫紅色。

掌狀複葉具長柄

種子黑色

生態現象

天牛的種類繁多，有些種類產卵在活的樹木上，另一些卻偏愛在衰弱的生木、倒木或腐木中產卵。大衛氏白條天牛是相當大型的天牛，會產卵在苦楝、木棉、吉貝和掌葉蘋婆等特定樹種上。雌天牛在授精後飛到這些樹種的樹幹上，利用強勁銳利的口器將樹皮咬破，產卵於樹皮下。孵化後的幼蟲會啃食木材，並在樹幹中鑽出一條長長的圓形孔道，將啃食後的木屑推擠出來。如果在掌葉蘋婆樹幹附近發現這種木屑，表示在樹幹中可能有大衛氏白條天牛的幼蟲。

錦葵科 Malvaceae	*Hibiscus rosa-sinensis* L.	原產地　中國大陸南部

扶桑花 Chinese Hibiscus, Rosa-of-China, Scarlet Rose,Shoe Flower

　　扶桑花呈灌木狀，常栽植在安全道上作為綠籬或搭配其他喬木路樹造景。扶桑的枝條柔弱，葉片大型呈深綠色，花色繁多，有紅、橘紅、黃、白等品種，而各種花色亦有單瓣、重瓣之品系，其中以紅色單瓣者居多，故扶桑花又名朱槿。

　　扶桑花，四時常開，朝開暮合，殷紅艷麗的花瓣中吐出一絲金黃色的花蕊，高雅大方的樣子深受人們喜歡。昔時婦女喜歡將它簪帶在頭髮或衣服上，稱為「大紅花」。夜色來臨時，扶桑花一改白晝華麗綻放的姿態，將花瓣捲成長筒狀歇息，好似以袖掩面休憩的古裝美人。

　　扶桑生性強健，對土壤的選擇不嚴苛，且耐空氣污染，適合盆栽、綠籬、庭園美化或栽植做行道樹。

朱槿又稱大紅花，廣為大眾喜愛。

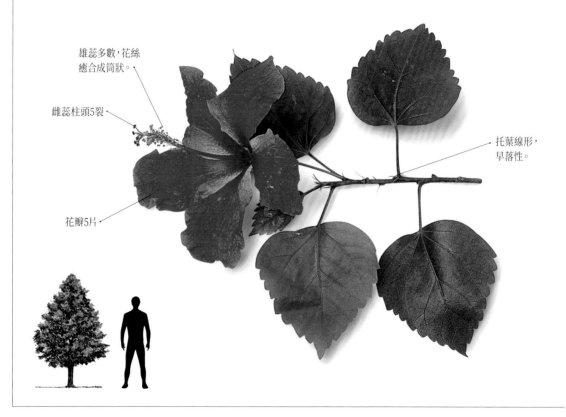

雄蕊多數，花絲癒合成筒狀。

雌蕊柱頭5裂

花瓣5片

托葉線形，早落性。

高度2公尺	樹形　灌木狀	葉持久性　常綠	葉型

特徵 常綠灌木，多分枝。單葉，互生，廣卵形，葉上半部粗鋸齒緣，先端銳尖，濃綠色，具光澤，托葉線形，早落性。花腋生，單出。小苞6至8枚，花瓣5枚，花色以紅色為主，亦有橙黃、淡桃紅、黃、白等顏色，雄蕊多數，花絲癒合成筒狀，雌蕊柱頭5裂。蒴果闊卵形，多不結種子。

用途 花大型，常年開放，植株耐修剪，常栽為綠籬。根、樹皮、葉、花均可供藥用，具清熱、消腫之功能。

分布 原產中國大陸南部，世界各地普遍栽培為觀賞植物。

俗名 朱槿、赤槿、佛桑、大紅花、火紅花、目及、照殿紅

推薦觀賞路段

扶桑花是高雄市縣花，取其四時常綠、花開不輟、長久永續之意。

北：台北市環河南路、環河北路，台2號省道三芝路段，桃園市北二高龍潭收費站。

南：高雄市中正四路。

高雄愛河公園的朱槿

葉廣卵形，上半部粗鋸齒緣。

白花品種

生態現象

扶桑花的葉片常被捲成圓筒狀，那是棉捲葉野螟幼蟲生長的地方。這種蛾的幼蟲淡綠色，呈半透明狀，頭部黑褐色，以扶桑或其他錦葵科植物的嫩葉為食。受驚嚇時會匆忙地倒退走，吐絲懸落地面躲避敵害。

| 紫葳科 Bignoniaceae | *Spathodea campanulata* Beauv | 原產地　熱帶非洲 |

火焰木 African Tulip Tree, Bell Flambeau Tree

　　火焰木就如同它的名字一樣，開花時植株頂端綻放的鮮紅花朵，就像熊熊燃燒的火焰一般，熱情奔放。

　　火焰木原生於熱帶非洲，適合生長在炎熱的地方，所以引進南台灣大量種植；由於南部氣溫炎熱，適合火焰木生長，所以花開得特別艷麗燦爛。火焰木目前最常被種植在高速公路兩旁當成行道樹，夏天時，火紅的花盛開在公路兩側，格外顯眼美麗。

火焰木開花時非常美麗

小葉長5至10公分

小葉4至9對，長披針形至長橢圓形。

小葉全緣

| 高度15公尺 | 樹形 圓形 | 葉持久性 常綠 | 葉型 |

特徵 常綠大喬木，幹直立，灰白色，小枝有毛。葉為奇數羽狀複葉，小葉對生，長30至45公分，時有三出複葉，小葉4至9對，長披針形至長橢圓形，先端尖，全緣。圓錐花序頂生，花苞萼片向內彎曲聚生，呈圓盤狀，小花自圓形花苞外圍逐漸綻開，花大型，色艷如火。蒴果，胞背開裂，木質化，種子有膜質翼，具闊翅，靠風力傳播。

用途 庭園樹、行道樹

分布 非洲，中國大陸南部地區，香港，台灣等地區。台灣為引進栽培種。全台均可種植，但以中南部為佳，北部種植較不易開花。

俗名 火焰樹、泉樹、毛火焰木、尼羅火焰木

推薦觀賞路段

火焰木是台灣校園及公園綠地常見的綠化樹種，由於開花時非常美麗，在全台多處大專院校及公園皆可發現它的蹤跡。

北：台北市南港公園、新生北路、新生南路、承德路、北投大業路。

中：台中市中興大學校園。

南：屏東市復興公園，高雄市樹德科技大學、左營大路。

東：台東運動公園。

葉為奇數羽狀複葉，小葉對生。

火焰木行道樹景觀

生態現象

火焰木醒目的紅花及甘甜的花蜜，總是吸引許多鳥、蝶來幫它傳宗接代，所以夏天開花時，常可以見到很多生物聚集在植株附近。

| 金縷梅科 Hamamelidaceae | *Liquidambar formosana* Hance | 原產地　台灣及中國大陸南方 |

楓香 Formosan Sweet Gum 原生種

　　楓香是台灣本土的鄉土樹種。平時藏身在台灣低中海拔的常綠森林中，較不易察覺，但在入秋後，綠葉逐漸泛黃、轉紅時，才會從一片青綠的林木中脫穎而出。楓香的樹形優美，四季各有風情，不但名字好聽、樹姿高雅、葉形美，更是詩人筆下吟詠的對象。

　　很多人常搞不清楚青楓、楓香這兩種看似相同的樹種，它們在外型上到底有什麼差異？最基本的分辨方式是，青楓與尖葉槭的葉子為對生，而屬於金縷梅科的楓香，其葉片則是互生，這是由外型上較容易辨認的特徵。

楓香蒴果

單葉互生，具長柄，掌狀3裂。

掌狀3裂

高度20公尺	樹形　圓錐形	葉持久性　落葉	葉型

特徵 落葉大喬木，樹幹暗灰色，有縱裂溝紋。單葉互生，具長柄，掌狀3裂，鋸齒緣，幼時或為5裂，成三角形，春季新葉與花約同時綻開，12至2月落葉。花單性，雌雄同株異花，雄花穗狀花序頂生；雌花聚成球形頭狀花序，無花瓣。蒴果聚合成球形，有刺，內有1、2枚扁平種子，具薄翅。

用途 適作優美的園景樹、行道樹，亦可育成高貴盆景。木材可供建築，亦是栽種香菇的優良段木。蒴果可供乾燥花之素材。落葉壓乾後，可作成書籤。

分布 分布於中國大陸南部各省。台灣固有種，產於台灣低中海拔的森林，尤其容易在溪谷旁見到。

俗名 香楓、楓樹、大葉楓、路路通、雞楓樹、雞爪楓、楓子樹、白膠香、靈楓、香菇木

推薦觀賞路段

楓香是台灣常見的行道樹，全台多處路段與各大校園皆可發現它的蹤跡。最有名的莫過於台北中山北路沿線的楓香行道樹。

北：台北市陽明山國家公園、北投泉源路、中山北路士林段，北橫沿線三光一帶。

中：中橫沿線，南投縣奧萬大國家森林遊樂區。

南：南橫沿線。

東：台東縣知本森林遊樂區。

雌雄同株異花，雄花穗狀花序頂生（圖右上方）；雌花聚成球形頭狀花序（圖左下方）。

楓香所構成的林蔭大道

生態現象

楓香為長尾水青蛾及四黑目天蠶蛾幼蟲的重要食草之一。每年3至10月，在楓香樹附近很容易發現長尾水青蛾。長尾水青蛾是除了皇蛾以外，台灣產大型蛾類中最漂亮的一種，觸角呈羽毛狀，翅膀呈淡水青色，各翅中央有枚小眼紋，後翅有尾狀突起，宛如鳳蝶一般。

| 山龍眼科 Proteaceae | *Grevillea robusta* A. Cunn. | 原產地　澳洲 |

銀樺 Silkoak

　　銀樺是世界著名的觀賞樹木，通直粗壯的樹幹，纖細的羽狀葉，葉背銀白色，在陽光下熠熠發光，令人過眼不忘。春天時，橙黃色的花序密密麻麻地掛滿枝頭，花姿優雅秀麗，為街道增添無比姿色。

　　銀樺生性健壯，喜高溫多濕的環境，栽培土質以排水良好及富含有機質之砂質土壤為佳。近年來，山龍眼科植物以綺麗多姿的身影逐漸成為庭院植栽、切花、乾燥花、盆花等用途的新寵兒，廣為愛花人士所種植。

銀樺行道樹在中南部較為常見（高雄市二聖路）

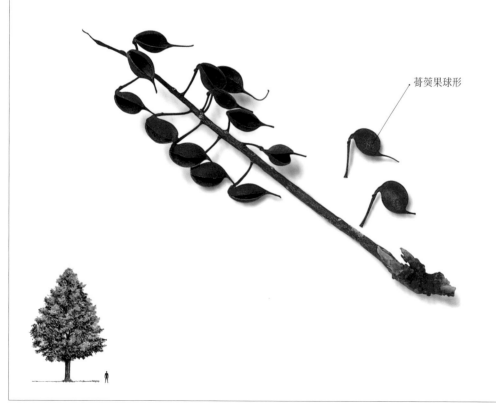

蓇葖果球形

高度15公尺	樹形 圓形	葉持久性 常綠	葉型

特徵 常綠喬木，小枝具短毛。羽狀複葉，互生，長約20公分，小葉互生或近於對生，長橢圓形，小葉淺裂或深裂，表面稍平滑，葉背覆銀色絨毛。總狀花序頂生，花具細柄，橙黃色，花被筒形，4裂，雄蕊4枚，著生於花被筒上。蓇葖果球形，黃褐色，種子周緣具翅。

用途 銀樺樹形優雅，葉姿清爽宜人，是庭園樹之高級樹種，也可供為行道樹。主幹通直，質材輕軟有鮮麗花紋，可製器具、家具、雕刻、鏡框及裝飾用。

分布 原產澳洲，為世界著名之觀賞樹種。熱帶及亞熱帶地區普遍種植。台灣廣泛栽植於全台平地。

俗名 銀橡樹、櫻檜

推薦觀賞路段

北：台北市承德路、青島東路，北二高寶山停車場。

中：台中市立文化中心前梅川河岸綠地、中興大學。

南：嘉義市嘉義樹木園，高雄市二聖路、自立一路、鼎中路、河東路。

銀樺於春天開花

羽狀複葉，小葉淺裂或深裂。

總狀花序

花具細柄

花被筒形，橙黃色。

生態現象

銀樺屬於山龍眼科，山龍眼科是一群古老的被子植物，大多分布於大洋洲和南非。台灣原產的山龍眼科植物有3種，分別是山龍眼、倒卵葉山龍眼和紅葉樹，但這些樹種目前都未被栽植為行道樹使用；引進種有紅花銀樺、鈍葉銀樺和銀樺3種，除銀樺常被栽植為行道樹外，前兩種較為少見，僅栽植於台北植物園及恆春熱帶植物園等少數地方。

木棉科 Bombacaceae	*Bombax ceiba* L.	原產地　中國大陸南部、印度、緬甸、爪哇

木棉 Cotton Tree, Silk- Cotton Tree

　　木棉樹姿陽剛，主幹直而挺拔，故又名英雄樹。雖然不是台灣的原生樹種，但引進歷史悠久，在本省各處栽培普遍；高挺整齊的樹形，橙黃色艷麗的花朵，早在民眾的心中烙下深刻的印象。每年寒冬過後，第一陣暖風吹過，點燃了街道上的木棉花，彷彿是在提醒著城市裡忙碌的人們，春天的腳步近了。

　　木棉樹形挺拔，樹幹灰褐色具瘤刺，枝椏水平伸展。碩大的花朵在春天開放，5片橙紅色的肉質花瓣向外微捲，簇生於禿枝上，亮麗耀眼。雨後，許多花朵的花冠、花萼與雄蕊一起掉落，艷美厚實的花朵不易破損，值得拾取回家細細賞玩。

　　木棉樹通常在花開後才長出綠葉，但近年冬天沒有往年寒冷，許多木棉樹在葉片未落盡前就花開滿樹，少了一種禿枝著花的美感。春雨後殘留枝頭的木棉花化為果實，蒴果成熟後開裂，潔白柔軟的棉絮隨風飄散。

木棉高挺整齊的樹形

掌狀複葉，小葉卵狀長橢圓形。

花苞

高度15公尺	樹形　層塔形	葉持久性　落葉	葉型

特徵　落葉喬木，具瘤刺，側枝輪生。掌狀複葉，互生，小葉5至7枚，卵狀長橢圓形，先端銳尖，基部銳。花單生或叢生，萼革質，5至7裂，花瓣倒卵形，橙紅色，肉質，雄蕊筒裂成多束，每束具多數雄蕊。蒴果橢圓形，木質化，成熟時5裂。種子多數，卵圓形，密生絹毛。

用途　觀賞性佳，常栽植為庭園樹或行道樹。木質輕軟，可以作為箱櫃或玩具，樹幹可製成獨木舟。種子棉毛具彈性，可當枕頭、坐墊、沙發等填充材料使用。花蕾和花瓣可供食用、藥用，種子可榨油或製成肥皂使用。

分布　原產中國大陸南部、印度、緬甸、爪哇

俗名　英雄樹、班芝樹、攀枝花、烽火、紅棉、班枝、瓊枝

推薦觀賞路段

民國84年，金門建縣80周年，經全縣居民票選木棉為金門縣樹。此外，高雄市市花、台中市縣花都是木棉。

北：台北市羅斯福路、建國北路、復興南路、仁愛路、光復南路、辛亥路、大度路、木新路，桃園市平鎮區金陵路、龍潭鎮中豐路。

中：台中市中港路、忠明南路，中山高速公路中清交流道，台中市台1號省道大肚路段，中山高速公路泰安休息站。

南：台南市的東豐路，高雄市的民族路、明華二路、林森二路、德民路、環潭路、河西一路，屏東縣台1號省道潮州至枋寮路段。

東：宜蘭市的健康路，花蓮市府前路、永興路。

雄蕊　　雌蕊

花瓣橙紅色，肉質。

木棉花期短，早春3、4月是木棉花盛開的季節。

樹幹具瘤刺

生態現象

木棉的花朵中富含花蜜，春季開花時，吸引綠繡眼在群花間忙碌地跳躍取食，小巧的翠綠色鳥兒在碩大的橙紅色花朵上鑽進鑽出的景象，是春天一幅美麗動人的圖畫。

桑科 Moraceae	*Ficus elastica* Roxb	原產地　熱帶亞洲

印度橡膠樹 Indian Rubber

　　印度橡膠樹原產於印度,屬於常綠大喬木,目前台灣各地均有栽培,是庭園常見的觀賞樹及行道樹。

　　印度橡膠樹不怕乾旱,喜歡高溫潮濕的氣候,越潮濕的環境,氣根越發達。因此種植時需考慮房舍與樹的距離,以免它的根系穿裂牆壁或地基,危害房屋。

　　印度橡膠樹要20年以上的植株才會開花結果,加上它的花很小,常被枝葉所遮掩,所以一般人很少注意到它是否會開花。它的園藝栽培種很多,葉色變化豐富,有乳白、乳黃斑紋和斑點鑲嵌等,這類植物生性強健,樹冠壯碩,成長迅速,是優良的庭園綠蔭樹、行道樹。

斑葉橡膠樹行道樹景觀

斑葉橡膠樹為園藝栽培種

厚革質的葉20至30公分

高度15公尺	樹形　圓形	葉持久性　常綠	葉型

特徵 常綠喬木，莖上有下垂的鬚狀氣根。互生葉成橢圓形，長20至30公分，革質葉大且厚，具有亮麗光澤；葉的尾端有尖突，中肋明顯，頂芽長而尖，外有紅色芽苞包住，為其重要辨認特徵。若採下葉片或幼枝條，可見白色的乳汁流出。花屬隱頭花序。果實為橢圓形，黃綠色，小而無柄，成對腋生。

用途 印度橡膠樹性極耐乾旱，喜歡高溫潮濕的氣候，可當行道樹或庭院美化用。

分布 廣泛分布在印度、爪哇、馬來西亞等地區。目前在台灣全島公園綠地及道路行道樹皆可發現。

俗名 橡皮樹、印度膠樹、緬榕

推薦觀賞路段

北：台北市信義路三段、忠孝東路四段、愛國東路、松江路、吉林路、福國路、北安路、百齡路、榮華一路。

中：台中工業區內道路。

南：高雄市河東路、忠孝路、左營大路、茂大路、永豐路、中洲路、義華路。

東：宜蘭羅東運動公園，花東市區道路及公園皆可見。

樹幹上有明顯皮孔

氣生根發達

文林北路的印度橡膠樹行道樹景觀

生態現象

印度橡膠樹的枝葉如果受傷，會流出白色乳汁，是一種天然的橡膠。不過它的樹皮厚，乳汁又少，只適合種來觀賞。

桑科 Moraceae	*Ficus benjamina* L.	原產地　熱帶亞洲

垂榕 Benjamin Tree, White Bark Fig-tree

　　垂榕又稱白榕，桑科榕屬常綠喬木，主幹直立，多分枝，末端枝葉下垂。葉互生，長橢圓形，先端銳尖，波狀，全緣，厚革質，具翠綠色光澤。花腋生，隱頭花序，無花果，球形。本種極似榕樹，但樹皮為灰白色，葉薄且寬，基部呈楔形，側脈多數，隱花果為單生。垂榕樹勢強健，終年翠綠，生機盎然，可栽植為綠籬、園景觀賞。

樹幹平滑，呈灰白色，故又稱白榕。

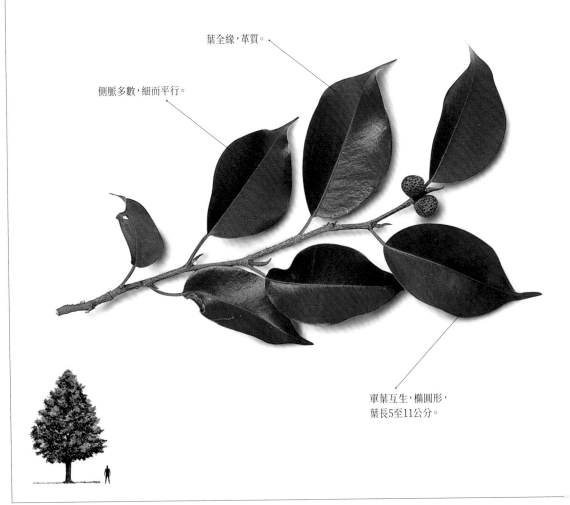

葉全緣，革質。

側脈多數，細而平行。

單葉互生，橢圓形，
葉長5至11公分。

高度10公尺	樹形　圓形	葉持久性　常綠	葉型

特徵 常綠大喬木，樹皮平滑呈灰白色，氣根下垂，粗大者宛似樹幹。單葉互生，橢圓形，長5至11公分，寬3.5至8公分，全緣，革質。隱花果近於無柄，扁球形，1至1.5公分，熟時紅色。

用途 垂榕性喜溫暖，耐陰性強，可作室內擺飾。樹形下垂，姿態柔美，為庭園優良樹種，也可作綠蔭樹、行道樹等栽植。其耐鹽性佳、抗風力強、耐旱性佳、抗污染力強，唯耐寒性較普通。

分布 分布於印度、馬來西亞、中國大陸南部及台灣南部、蘭嶼、綠島。

俗名 白肉榕、白榕

推薦觀賞路段

北：台北市台北植物園、大安森林公園、芝山岩。

中：台中市豐功路、永春北路、黎明路一段、大墩十七街。

南：台南市安平國中，高雄市高雄都會公園，屏東縣墾丁森林遊樂區。

東：台東縣知本森林遊樂區。

果球形，1至1.5公分，未熟時綠色。

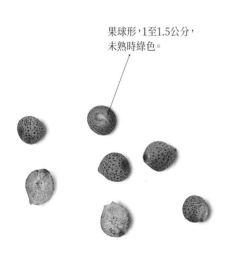

垂榕行道樹景觀

生態現象

榕屬植物原生於熱帶或亞熱帶，數量眾多。垂榕是台灣近年來推廣綠化美化，廣受重視之植物，株高可達十數公尺。垂榕枝幹易生氣根，行為就像附生植物一樣，榕屬植物的氣根是熱帶植物的一大特徵，而我們平常看到所謂的「千根榕」，其實就是榕屬植物利用氣根來協助支撐本身的重量，而這行為就是榕屬植物在熱帶森林中用來與其他物種競爭的一大絕招。

垂榕栽培變異種很多，例如白斑垂榕、波葉垂榕、黃金垂榕、黃斑垂榕、鑲邊垂榕、細葉垂榕、斑葉垂榕、細葉斑葉垂榕等，均供觀賞。

| 桑科 Moraceae | *Ficus microcarpa* L. | 原產地　泛熱帶分布 |

榕樹 India Laurel Fig 原生種

　　榕樹是常見的台灣原生樹種，在農村地區常因植株碩大、樹齡悠久，而被視為「神木」。一般寺廟多栽植榕樹作為蔽蔭乘涼之用，尤其鄉下地方眾人聚集的村落，都以土地公廟或馬路旁的榕樹所形成的濃蔭地作為集會的場所，所以榕樹在台灣的農村文化中占有非常重要的地位。

　　榕樹不但樹冠大，枝幹多，且樹上常密生氣根，氣根吸收空氣中的水分，觸地後可長粗變成樹幹的樣子，這也是一棵榕樹有許多樹幹的原因。榕樹終年長綠，樹冠生長茂密，不但能吸收噪音、廢氣，種在市區可以美化市容，更能改善環境。

葉互生，倒卵形或卵形。

隱花果倒卵形，紫紅色或淡黃色。

葉全緣，革質。

高度15公尺	樹形　傘形或圓形	葉持久性　常綠	葉型

特徵 榕樹株高可達20公尺，樹幹粗壯，氣根多數。葉互生，倒卵形或卵形，革質，全緣。隱花果倒卵形，紫紅色或淡黃色。

用途 適作防風林、盆景、行道樹、庭園樹

分布 印度、馬來西亞、澳洲、中國、日本、琉球、台灣、東南亞。台灣見於低海拔山地，也是海岸林及熱帶雨林的主要樹種，數量極多，經常有巨木分布。

俗名 榕、鳥榕、赤榕、山榕、鳥屎榕、正榕、松榕、松仔、根樹

推薦觀賞路段

榕樹是台灣低海拔山麓非常易見的原生樹種，在全台農村、校園及各大風景區都可發現它的蹤跡。榕樹被選為台北市樹、台中市樹及澎湖縣樹。

北：台北市台北植物園、大安森林公園。

中：台中市國立自然科學博物館、台中都會公園、黎明路、五權二路、博愛路、萬和路，南投縣中興新村。

南：台南成功大學及市區行道多可見，高雄市高雄都會公園、中正路、成功路、中鋼路、同慶路。

東：台東縣知本森林遊樂區，花蓮縣太魯閣國家公園。

榕樹的氣生根發達是其辨識重點

公園綠地常見的榕樹

生態現象

榕樹枝幹上的氣根著地後常形成支持根，所以老齡榕樹除主幹外，還繁生許多類似主幹的支持根，有時支持根會比主幹粗大，致使主幹、支持根無法區分，形成枝葉繁茂，覆蓋整個地區的景觀。榕樹的隱花果是鳥雀喜愛的果實，曾見一棵榕樹上聚集數千隻麻雀爭食成熟榕果的壯觀場面。

桑科 Moraceae	*Ficus microcarpa* L.f. 'Golden Leaves.'	原產地　園藝栽培種

黃金榕 Golden Leaves

　　黃金榕是榕樹的栽培種，榕樹的特徵它幾乎都有，唯一不同的是它嫩綠油亮的葉子摻了點金黃色澤，十分別致，這也是它名字的由來。黃金榕因為色彩亮麗，又可修剪成各種樹形，是良好的植栽造景配色樹種，常可在步道上、公路旁看到它被修剪成綠籬或各種可愛的動物造型。

　　黃金榕在初夏時萌發金黃色的新芽，陽光愈強，金黃色愈顯得鮮豔，金光閃閃的，不但耀眼更富朝氣。它喜歡高溫多濕的環境，很少有病蟲害，且能耐風、耐潮，對空氣污染抗害力強，只要土質肥沃，日照充足之地均可栽植，所以是很好的行道樹。

道路分隔島上的黃金榕景觀

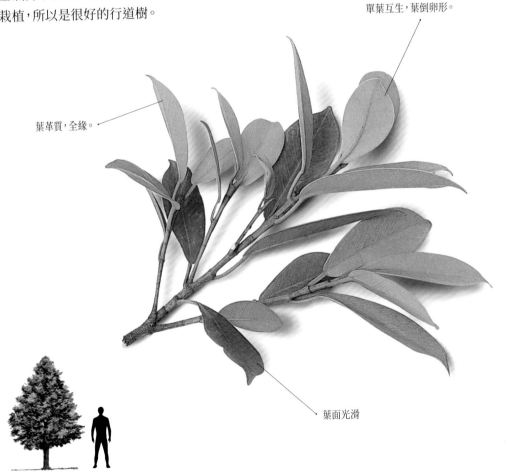

單葉互生，葉倒卵形。

葉革質，全緣。

葉面光滑

高度3公尺	樹形　傘形或圓形	葉持久性　常綠	葉型

特徵 常綠小喬木，樹冠廣闊，樹幹多分枝。單葉互生，葉倒卵形，厚革質，全緣，葉面光滑，新萌芽的葉呈金黃色，日照不足或老葉為深綠色，有托葉；葉片若遭折斷時，會流出白色乳汁。球形的隱頭花序，紅褐色，其中有雄花及雌花聚生。果實為隱花果。

用途 樹性強健，耐修剪，適作行道樹、園景樹、盆栽；可修剪各種造型，目前以作綠籬最多。

分布 廣泛分布於全台灣低海拔地區

俗名 黃葉榕、黃心榕、黃榕

推薦觀賞路段

黃金榕是台灣道路與公園內常見的綠化樹，全台平地、校園、各大公園皆可發現它的蹤跡。

黃金榕是榕樹的栽培種，葉子金黃色。

庭園中常見的黃金榕

不修整時的黃金榕大樹模樣

生態現象

桑科的果實常有寄生蜂寄生。在果實狀的花托頂端，可見一個小孔，這是讓榕果小蜂進入傳粉或產卵的管道。每一種榕樹的榕果孔都有特殊的構造，吸引榕果小蜂的方式也各不相同，因此每一種榕樹的榕果小蜂專一性極高，幾乎每一種榕樹都有一種特定的榕果小蜂。長久以來，榕樹與榕果小蜂已形成相互依存的親密關係。

| 桑科 Moraceae | *Ficus religosa* L. | 原產地　熱帶亞洲 |

菩提樹 Botree, Peepul Tree

　　菩提樹的種名有「神聖的」、「宗教的」之意，因釋迦牟尼於此樹下悟道而得名，為印度的「聖樹」。

　　菩提樹的葉子是心形的，在尖端處有長長的尾巴，主要目的在於讓留在葉片上過多的水分沿葉尖流出，這是熱帶植物特有的排水構造。每年夏天，枝幹上會有兩兩並生的扁球形突起，這就是所謂的「菩提子」，是隱花果的一種，內含許多顆粒狀的小花，成熟後表面會呈現許多暗紫色的斑點，並自然掉落。

未成熟果實綠色

　　菩提樹與榕樹有親緣關係，同樣有著氣根，也會分泌出乳白色的汁液，但是它並不像榕樹終年常綠，也不是在冬天落葉。它的習性相當特殊，當初夏陽光轉強，許多樹木綠葉成蔭的時候，菩提樹卻迅速地讓老葉掉得精光，然後又立即發出新芽；幼葉起初呈現淡淡的紫紅，一副清新可人的模樣，接著一片黃綠，再轉為深深的翠綠，景觀的變化十分迷人。

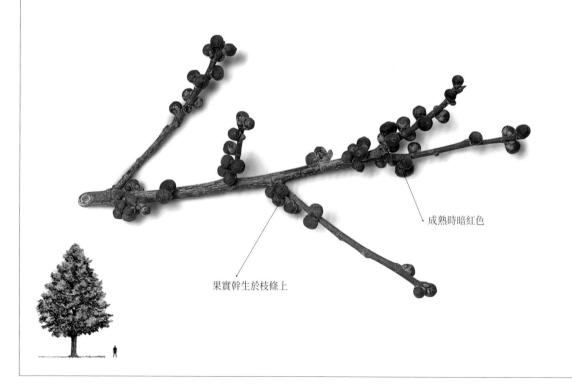

成熟時暗紅色

果實幹生於枝條上

高度15公尺	樹形　圓形	葉持久性　落葉	葉型

特徵 常綠或半落葉大喬木，樹幹粗壯挺直，枝條茂密向上斜生。葉呈心形，先端尾尖，具長柄，葉面光滑，葉脈明顯，新葉紅褐色。隱花果綠色，成熟呈暗紅色。花隱生於綠色小果中。

用途 由於葉肉厚硬，葉脈網紋密集，可以利用酸或鹼處理做成美麗的葉脈標本，當書籤或做成各種裝飾。

分布 印度、緬甸、斯里蘭卡、中國大陸、台灣、香港等地區。喜高溫多濕，日照需充足之處。

俗名 神聖之樹、靜思樹、畢缽羅樹、印度菩提、思維樹、聖潔之樹

推薦觀賞路段

菩提樹因為有其宗教的特殊涵義，所以在各大廟宇旁都會栽植，是常見的綠化樹種，目前也被廣泛運用在行道樹種植上。

北：台北市仁愛路、木新路、民生東路、台北植物園。

中：台中市大業路、萬和路。

南：高雄市中山路、民族路、博愛路、鼎中街、建國路、和平路，屏東市中山公園。

東：花蓮及台東市區公園。

葉心形，葉尖細長。

樹皮有明顯縱裂

菩提樹行道樹景觀

公園綠地常見的菩提樹

生態現象

有些地方的菩提樹終年不凋，屬於常綠大喬木，但在台灣由於氣候的關係，常有落葉的現象。菩提子是很多鳥類的最愛，每當結果時，都可看見成群鳥類在樹上覓食。

桑科 Moraceae	*Ficus septica* Burm. f.	原產地　熱帶亞洲

稜果榕 Angular Fruit Fig 原生種

　　稜果榕屬桑科榕屬，常綠喬木。台灣全島各地的低海拔地區常可見其芳蹤，尤其以山麓及溪流岸邊最為常見。由於性喜高溫潮濕及陽光充足的環境，又能抗強風、耐鹽，所以常被栽植當海邊綠化植物。

　　榕屬植物為數眾多，經常可見，它們外形相似，有時還真難分辨，唯獨稜果榕的果實具有稜有角的獨一無二特徵，很難讓人混淆誤認。稜果榕是常見的鄉土樹種，葉子光亮，角質層發達，是台灣海邊常見的植物。其隱花果上有8至11個縱稜和多數灰白色的斑點；這些斑點就是皮孔，前身是氣孔，是植物呼吸的開口，很容易辨識。

葉互生，紙質。

著果枝條

高度10公尺	樹形　傘形	葉持久性　常綠	葉型

特徵 小枝光滑粗壯。葉為互生，全緣葉厚紙質，葉表很光滑，呈橢圓形至闊卵形，大型葉長約10至25公分，葉痕明顯，常叢生於枝條頂端。隱頭花序為綠色，雄花有柄，呈內旋狀，花絲短小，雌花有長柄柱頭棒狀，花柱長且側生。扁球形隱花果，葉腋間生長，外表有白色斑點，由於表有稜，故稱之為稜果榕。

用途 由於適應性極強，易於栽植，可作為海岸防風林及庭園綠化的樹種。

分布 日本、琉球、菲律賓、爪哇、台灣；台灣常見於低海拔山麓和海岸地帶。

俗名 大冇樹、大葉榕、豬母乳舅

推薦觀賞路段

稜果榕是常見的原生樹種，目前在全台各大綠地公園及校園內常見。

北：台北市台北植物園、芝山岩、陽明山國家公園、信義路。

中：台中市國立自然科學博物館、植物公園。

南：高雄市高雄都會公園、柴山。

東：花蓮縣太魯閣國家公園，低海拔溪谷。

橢圓形葉，10至25公分。

隱花果扁球形，表面有8至11條稜線。

信義路旁的稜果榕行道樹

生態現象

榕屬植物的果實是大自然給予許多生物的一大美食。在野外，稜果榕果實是台灣獼猴、鳥類及松鼠的主要食物。

棕櫚樹

棕櫚科植物在全球約有181屬2600種。台灣原生棕櫚科有5屬7種，加上外來引進種，共計44屬100種。全世界熱帶及亞熱帶，亦即南北迴歸線之間，是棕櫚科的主要分布地區，少數種類會延伸分布到暖溫帶地區，所以棕櫚科的分布極限大約在南北緯度45度附近。熱帶亞洲和熱帶美洲是世界上兩大分布中心。

台灣最常見的棕櫚科植物可分為三大類：椰子類、海棗類、棕櫚類。本書挑選10種常見的棕櫚科植物，其中椰子類占7種、海棗類2種、棕櫚類1種。台灣原生種之外，其他均由國外引進栽植。

棕櫚科 Arecaceae	*Archontophoenix alexandrae* Wen	原產地　澳洲東部

亞力山大椰子 King Palm, Alexandra Palm, NorthernBangalow Pine

亞力山大椰子長得通直高大與大王椰子很相像，不同的是它的主幹基部較粗，愈往上愈細，上面還有非常明顯密集的環紋。因為棕櫚科植物體內的維管束固定，故所能供養的葉片也有一定的數目，因此當它長出一片新葉時，必定要脫落一片老葉，於是就會在樹幹上留下一圈圈的葉痕，從葉痕的數量可以看出椰子樹的年齡。

每年的6月是亞力山大椰子的花期，一朵朵淡黃色的小花串結成肉穗花序，從枝幹上下垂，像美麗成串的珠簾，是觀賞性很高的庭園樹及行道樹。不過其樹身細瘦且高，耐風力較弱，種植時應考量避風處。

亞力山大椰子對溫度的需求較高，約500公尺以上地區便不能栽植，平地城市是其最適宜的生長地，所以目前被大量運用在公園綠化及行道樹栽植上。

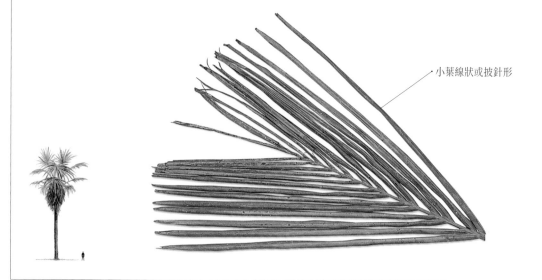

小葉線狀或披針形

高度20公尺	樹形 羽狀葉棕櫚形	葉持久性 常綠	葉型

特徵 常綠大喬木。樹形高大細長直立，莖幹上環紋顯著，基部漸膨大。葉頂生，一回羽狀複葉，全裂，小葉線狀或披針形。雌雄同株，肉穗花序，佛燄苞2枚，花序成串下垂，黃白色。核果球形，熟時紅色。

用途 行道樹、庭園美化

分布 澳洲、昆士蘭。台灣全島普遍栽培。

俗名 亞歷山大椰、假檳榔

推薦觀賞路段

北：台北市仁愛路、大安森林公園、士林官邸。
中：台中市台灣省諮議會。
南：高雄市高雄中學、高雄中山公園。
東：東華大學美崙校區。

公園綠地常見栽植的亞力山大椰子

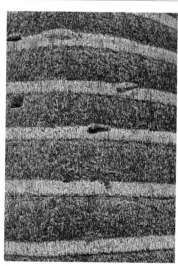

樹幹上有明顯環紋

肉穗花序

生態現象

亞力山大椰子開花時，會吸引大批昆蟲來吸取花蜜，紅熟果實也常吸引鳥類食用。

| 棕櫚科 Arecaceae | *Caryota mitis* Lour. | 原產地　熱帶亞洲 |

叢立孔雀椰子 Burmese Fishtail Palm

叢立孔雀椰子為木質化的單子葉植物，高可達5至7公尺。枝幹叢生，葉脫落後會有環形花紋。葉為二回羽狀複葉，互生小葉有不規則齒裂，裂葉如叢立孔雀尾羽般，美麗而獨特，是辨認這種庭園觀賞植物最重要的特徵之一。

叢立孔雀椰子的大型羽狀複葉有如一隻隻正在開屏的孔雀，開展著尾羽，傲視群樹。有趣的是每一片小葉子尾端都像被小蟲子啃過一樣，呈現非常不規則的形狀，十分特別。每年夏秋時會開黃色小花穗，果實像一串串的綠色珍珠，非常壯觀。

肉穗花序，長約30公分，下垂如掃帚狀。

二回羽狀複葉，小葉互生，魚鰭形。

高度5公尺	樹形	羽狀葉棕櫚形	葉持久性	常綠	葉型	

特徵 多年生常綠小喬木。幹叢生，葉只著生於幹端，莖幹不旁生枝節，僅基部會長出新株，葉脫落後留下明顯環節。二回羽狀複葉，小葉呈三角狀魚鰭形，互生，葉端截形且有不規則齒裂。雌雄同株，夏秋間開黃色小花，肉穗花序，腋生，下垂。果實球形暗紅色，熟時紫黑色，種子球形。

用途 一般作為庭園造景、美化用，亦用於盆栽，為優美室內裝飾植物。葉子可做繩子或掃把等。花序軸可釀酒。

分布 印度、緬甸、馬來西亞、印尼、越南、菲律賓等地；全台各地庭園、公園、校園廣為栽植。

俗名 桄榔、酒椰子

推薦觀賞路段

叢立孔雀椰子是台灣常見行道樹，由於造型優美、容易栽植，被廣泛利用於行道樹綠化上。

北：台北市台北植物園。

中：雲林縣台糖虎尾總廠，台中市中興大學校區。

南：高雄市布魯樂谷主題親水樂園，高雄市沿海路，嘉義縣中正大學。

東：花東市區街道。

果實球形1.3公分

生態現象

叢立孔雀椰子非常容易栽植，很適合庭園種植。不過雖然外形美麗，可是它的果肉及汁液有毒，尤其是未成熟時。若不慎接觸到，會造成皮膚發癢；誤食果肉，會引起腸胃發炎、肚子痛等不舒服症狀，因此觀賞時得小心。

棕櫚科 Arecaceae	*Cocos nucifera* L.	原產地　泛熱帶分布

可可椰子 Coconut

　　可可椰子就是我們平常知道的椰子，拉丁學名的屬名意為「外形似猴子的堅果」，因為如果把椰子的果皮去掉，可以在種皮上端看見三個孔洞，形狀酷似猴子的臉。

　　可可椰子也算是一種海漂植物，目前在許多熱帶地區都可見到可可椰子的蹤跡。可可椰子果實具有纖維質的堅硬外殼，裡面富含油脂、澱粉；幼時內部充滿甜味的汁液即是消暑的椰子汁，等老熟時就會形成白色的胚乳，俗稱椰肉。它全株上下都是寶，所以許多熱帶國家不論物質或文化方面都深受椰子的影響。

　　台灣的原住民族栽植可可椰子以食用果肉、飲用果汁最為普遍。其中以達悟族人對於可可椰子的使用最為巧妙，他們以葉鞘纖維製作藤甲的襯裡，中層纖維製作盔帽的內襯，並以堅硬的內殼（種皮）製做湯匙、淺盤及盛裝海水的容器等，可以說是利用可可椰子的專家。

南部沿海魚塭，或公園水邊常種植可可椰子。

堅果橢圓形，長20至30公分，綠色或黃色。

高度15～25公尺	樹形 羽狀葉棕櫚形	葉持久性 常綠	葉型 

特徵 常綠大喬木。單幹直立，後逐漸成長呈彎曲，無刺、無環紋。葉叢生於幹頂，羽狀複葉，線狀披針形。花期5至10月，花雌雄同株，肉穗花序，呈筒狀佛燄苞，淡綠色。果實呈三稜形，型大，果實剛形成時，充滿汁液，有淡甜味，成熟後汁液漸漸被吸收，胚乳形成椰子肉，果熟期7至11月。

用途 除為觀賞價值高的園景樹、行道樹，更是高經濟栽培作物。樹幹可以當柴燒或做建築材料；葉可以編帽、搭茅草屋。幼嫩花序中之液汁含糖份，可以醱酵釀酒。果液可供飲用，清涼退火；果肉可食或製成椰子乾、椰子粉或煉製椰子油；外種皮可製作繩索、席墊、毛刷；椰殼可以製作器具。

分布 太平洋之島嶼、南美洲、亞洲熱帶地區分布最普遍，本島則南部較常見。

俗名 棕毛、栟櫚、棕衣樹、百葉草、定海針椰瓢、古古椰子

推薦觀賞路段

北：台北市台灣大學校區、台北植物園。

中：台中市國立自然科學博物館、中興大學校區。

南：屏鵝公路沿線，雲林縣台糖虎尾總廠，高雄市四維路、河西路。

東：花蓮及台東沿海公路。

高雄美濃鄉村農田旁的可可椰子行道樹景觀

小葉線狀披針形，長60至90公分。

生態現象

可可椰子的寄生蟲為淡圓介殼蟲、扁金花蟲，被寄生之葉片會逐漸黃化乾枯，危害較重者會全株枯死。

棕櫚科 Arecaceae	*Livistona chinensis* R. Br. var. *chinensis*	原產地　熱帶亞洲

蒲葵 Chinese Livistona, Fan Palm 原生種

　　看到蒲葵，會不會讓你想到早期農村生活晚上乘涼用的扇子？扇子的閩南語叫「葵扇」，就是因為過去多以葵葉作扇子。蒲葵像手掌般的葉子深裂成一條條，軟軟的垂下，隨風搖曳，極富南洋風情！

　　在物質不豐的年代，蒲葵是很實用的民俗植物，它的每個部位都和生活息息相關。蒲葵以種子繁殖，樹性強健，耐鹽又抗風，不擇土壤，在沙地也可生存；不但可以適應海邊氣候，也能適應多雨潮濕又高溫的環境，常被栽植做為庭園或行道樹。蒲葵的老葉脫落後，葉鞘會殘存在樹幹上。樹幹有不顯著的環紋，是葉脫落後留下的痕跡，樹幹老皮會塊狀脫落，摸起來有一點像軟木塞。

樹幹表面具有許多葉鞘遺痕

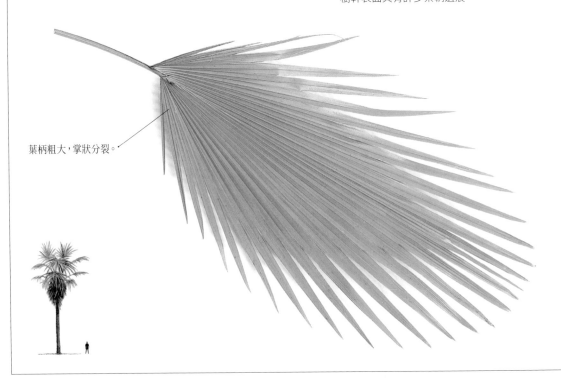

葉柄粗大，掌狀分裂。

高度15公尺	樹形　掌狀葉棕櫚型	葉持久性　常綠	葉型

特徵 常綠喬木，單幹直立，成株灰褐色，樹幹有粗糙環紋，葉叢生於幹頂，葉鞘褐色富纖維質。葉為掌葉中裂，螺旋互生，圓扇形，裂片先端再二淺裂，軟垂狀，葉柄呈三角形，兩側具逆刺。春、夏開花，花為兩性花，佛燄苞肉穗花序，小花淡黃色。核果橢圓形，果熟由淡黃轉黑褐色，內有1顆種子。

用途 蒲葵葉腋間的纖維可做簑衣、繩索、棕刷或作為通氣排水、過濾物質代用品。葉子可製作蒲扇、笠帽等；葵骨（中葉脈）可以製造掃帚、牙籤；樹幹可製成傘柄、屋柱。嫩芽可食用，果實可供藥用。

分布 中國大陸，日本南部、琉球、小笠原島，台灣的龜山島。蒲葵是陽性樹種，喜歡生長在溫暖但不十分炎熱的環境，尤其喜歡富石灰質的土壤。

俗名 涼扇樹、雨傘樹、扇葉蒲葵、木葵、扇椰子、蒲扇

推薦觀賞路段

蒲葵是台灣非常普遍的行道樹及庭園樹種，因為樹形優美，頗具南洋風情，所以在全台多處路段與公園皆可發現它的蹤跡。

北：台北市和平西路、仁愛路二段。

中：台中市台中公園、國立自然科學博物館。

南：屏東運動公園，高雄市保泰路、武慶一路、民權路。

東：花蓮及台東市區。

核果橢圓形，1.5公分，果熟由淡黃轉黑褐色。

蒲葵行道樹景觀

台灣南部許多道路栽植蒲葵當作行道樹

生態現象

不僅松鼠極喜愛蒲葵黑褐色的熟果，鳥兒也同樣喜歡。台灣的蒲葵樹原產於龜山島，對台灣本島而言也算是外來移民，目前已普遍栽種於全台灣平地上。

棕櫚科 Arecaceae	*Mascarena verschaffeltii* H. Wendi.	原產地　非洲

棍棒椰子 Spindle Palm, Psalmist Marron, Verschaffelts, Viehfuttepalme

　　棍棒椰子是從國外引進的棕櫚科植物，因為單幹直立，環紋明顯，樹幹通直狀似棍棒，所以被稱為棍棒椰子。其獨特的樹姿，讓它成為目前當紅的公園綠化景觀植物之一。

　　就外觀而言，棍棒椰子看起來像一株幼小的大王椰子，但大王椰子幼株不會開花，由此可分辨兩者的不同。此外，也常有人會把棍棒椰子與酒瓶椰子搞混，雖然它們都矮矮的，但是酒瓶椰子的基部較肥大，像個大酒瓶；而棍棒椰子的基部則沒有肥大現象，像粗細一致的粗棍棒。

棍棒椰子與酒瓶椰子外形相似，但基部無非肥大現象。

羽狀複葉叢生於幹頂，小葉30至50對，先端漸尖。

高度5公尺	樹形　羽狀葉棕櫚形	葉持久性　常綠	葉型

特徵 常綠小喬木，單幹直立，樹幹上部略膨大，似棍棒，莖幹部灰褐色，莖表面有明顯葉痕及花序遺痕，株形似小株的大王椰子。羽狀複葉叢生於頂幹，小葉劍形，30至50對。易開花，花橙黃色，肉穗花序生於最外側的葉鞘上，雄花退化，雌花長圓錐形。漿果圓筒狀，橢圓形，熟時紫褐色。種子稍為圓筒形。

用途 耐乾燥及風雨，適於庭園、公園綠化觀賞之用或為小型行道樹。

分布 非洲東南部，如馬斯加里尼島、馬達加斯加島，印度洋群島等地區。目前台灣全島普遍栽培。

俗名 伯修瓶椰

推薦觀賞路段

棍棒椰子是台灣常見的行道樹，由於造型優美、容易栽植，目前被廣泛利用於行道樹及校園植栽上。

北：台北市台北植物園以及台灣大學校園。

中：台中市國立自然科學博物館，雲林縣台糖虎尾總廠。

南：高雄市的布魯樂谷主題親水樂園園區。

東：宜蘭縣冬山河親水公園，花東市區街道。

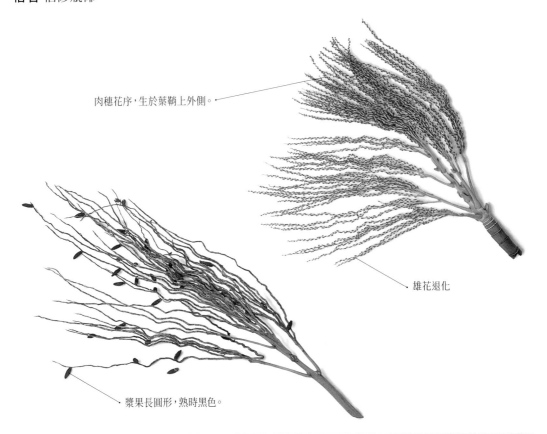

肉穗花序，生於葉鞘上外側。

雄花退化

漿果長圓形，熟時黑色。

生態現象

棍棒椰子於3至5月開花，具香味，是蝴蝶和蜜蜂的蜜源。

棕櫚科 Arecaceae	*Phoenix roebelenii* O' Brien	原產地　印度、中南半島

羅比親王海棗 Roebelin Date Palm

　　羅比親王海棗是生長在海邊的棕櫚科植物，黃褐色果實的味道就像棗子，所以被稱為海棗；至於羅比親王這個名稱，則取自於它來自異邦，以便和台灣本土的台灣海棗區別。

　　羅比親王海棗特別喜歡高溫多濕的環境，所以非常適應台灣的氣候；又因為其外觀頗富熱帶風情，而且抗風性相當強，是台灣早期海邊綠化植物的最佳選擇。它除了抗旱、抗污染等優點之外，戶外移植也非常容易存活。羅比親王海棗是海棗中最矮性的品種，它的樹葉細長而軟，向四方張開，葉柄處有黃色的刺，整體看起來十分地嬌柔美麗。老熟後身體會像駝背一樣彎曲。年紀大的葉片雖然枯黃，但是基部仍然與莖相連，所以常常可以看見海棗好似穿著一件枯葉裙的模樣。

羅比親王海棗的枯黃葉片下垂，模樣好似穿著一件樹裙。

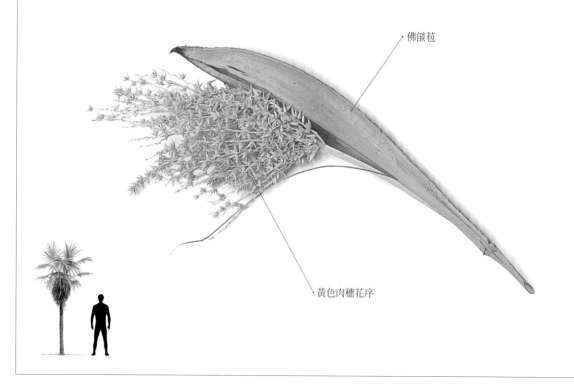

佛燄苞

黃色肉穗花序

高度3公尺	樹形　羽狀葉棕櫚形	葉持久性　常綠	葉型

特徵 常綠喬木，單幹細長，幹面具突起狀葉痕，基部常有氣生根伸出。羽狀複葉，叢生於幹頂，小葉線狀長披針形，甚柔軟，葉柄具刺。雌雄異株，夏、秋季開花，花小不明顯，黃色，穗狀花序腋生，佛燄苞早落性，先端銳尖，具芳香。漿果卵圓形，初為橙黃色，成熟轉黑褐色，每穗結果數百粒。

用途 生性十分地強健，適合行道樹、園景樹，亦可盆植及室內觀葉植物。果實是野外求生可利用的食物之一。

分布 喜歡生長在高溫的地方，分布於印度、緬甸、泰國及越南等熱帶地區。

俗名 羅比親王椰子、羅氏海棗、親王椰子、軟葉刺葵

推薦觀賞路段

羅比親王海棗是台灣行道樹中非常易見的綠化樹種，在全台多處路段皆可發現它的蹤跡。

北：台北市228紀念公園、大安森林公園。

中：濱海地區海邊道路。

南：高雄市區多處公園，嘉義市嘉義樹木園。

東：花東地區街道。

葉叢生幹頂，小葉線狀長披針形。

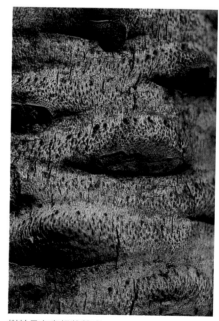

樹幹具有突起狀葉痕

生態現象

海棗的果實成熟時，鳥兒會飛來吃，而它的花則吸引大批蜜蜂前來採蜜，弄蝶或蛇目蝶也喜歡取食它的葉片。仔細找找，說不定在海棗葉片下就有垂懸的蝶蛹呢！

棕櫚科 Arecaceae	*Phoenix hanceana* Naudin var. *formosana Becc.*	原產地　熱帶亞洲

台灣海棗 Date Palm　原生種

　　台灣海棗是台灣非常特殊的冰河時期孑遺植物，經過自然界中幾千萬年的物競天擇，強悍的生存至今，而且跟台灣島上的先住民有很密切的關係。台灣海棗的閩南語俗稱「榔桹」，因此西部沿海地區有許多村落就叫榔桹，如屏東東港附近、桃園新屋永興里附近、苗栗海邊，台中清水地區也有大榔桹、二榔桹、三榔桹3個聚落，南鯤鯓代天府信眾住宿區也以「榔桹」為名，可見榔桹早期就大量分布在台灣沿海地區。尤其在桃園市新屋區永興里，據當地葉國傑里長及社區發展協會葉福星理事長表示，具有284年歷史的榔桹樹，與里內歷史最久的信仰中心土地公廟相依，為當地葉姓先祖開墾時所種植，里內遇有重大決議，都會相約榔桹樹下討論決議，相當具有歷史文化保存價值。恆春半島的排灣族對台灣海棗也經常將那橘紅色的果實拿來當零食吃，據當地居民說法，其口味較檳榔更佳。

台灣海棗樹形優美，適合作為行道樹。

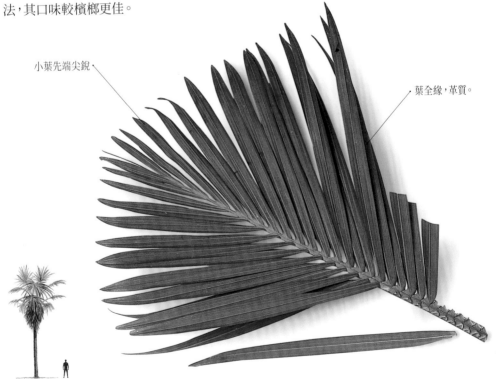

小葉先端尖銳

葉全緣，革質。

高度10公尺	樹形　羽狀葉棕櫚形	葉持久性　常綠	葉型

特徵 株高可達6公尺。偶數羽狀複葉，葉線形，全緣，葉端漸尖，葉基摺，內向鑷合，葉面平滑，革質。花為黃色，肉穗花序，雌雄異株，花期3至6月。果為橢圓狀，初為橙黃色，熟時轉黑紫色，果期為6至10月，可食用。

用途 舊時家中掃地的掃把大多是取材自大自然的植物纖維。台灣海棗的老葉所做成的掃把叫做「糠榔帚」，是十分耐用的清潔工具。目前只有在風景區的特產店裡，偶爾還可以看到一些小型的糠榔帚擺飾。

分布 分布於中國大陸東南的海南島、香港與台灣。台灣海邊至丘陵地區較乾燥之地常見。

俗名 台灣糠榔、桄榔、姑榔木、海棗、麵木

推薦觀賞路段

台灣海棗是台灣沿海地區非常容易見到的原生樹種，由於與先民的文化生活息息相關，所以很自然就被大量利用於綠化栽植，目前在全台多處路段皆可發現它的蹤跡。

北：桃園新屋永興里、苗栗海邊，台北市大湖國小。

中：台中清水地區，台中市台灣省諮議會。

南：高雄市凹子底公園、屏東東港，恆春半島。

東：花蓮縣壽豐鄉、台東關山台灣海棗自然保護區、台東森林公園。

橢圓形果實，成熟時黑紫色。

肉穗花序上結實情形

生態現象

台灣海棗為棕櫚科植物，為台灣固有變種，是紫蛇目蝶、黑星弄蝶的食草之一。目前野生的台灣海棗分布數量日漸稀少，所以台灣海棗的棲地保育是一件重要的事情。

棕櫚科 Arecaceae	*Roystonea regia*（H.B.*et* K.）Cook	原產地　熱帶美洲地區

大王椰子 Royal Palm

最負盛名的台灣大學椰林大道

　　大王椰子是典型的熱帶觀賞植物，喜歡陽光充足、高溫多濕的氣候。它也是目前國內最高大壯觀的棕櫚科植物，樹幹直挺，非常適合栽種在道路兩邊，別有一番氣派雄偉的感覺；尤其是兩排對稱的種植，使得路面看起來更寬廣深遠，台灣大學的椰林大道之所以聞名，大概就是這種感覺吧！

　　大王椰子的樹葉非常大，在早期，當老葉枯掉從樹幹上剝落下來時，農村的小朋友就會把大王椰子樹葉當馬騎，一人坐在葉鞘上，其他小朋友拉著往前跑，非常有趣！還可將葉鞘剪成一把扇子的形狀，等乾掉以後，就成了堅固耐用的輕便扇子。

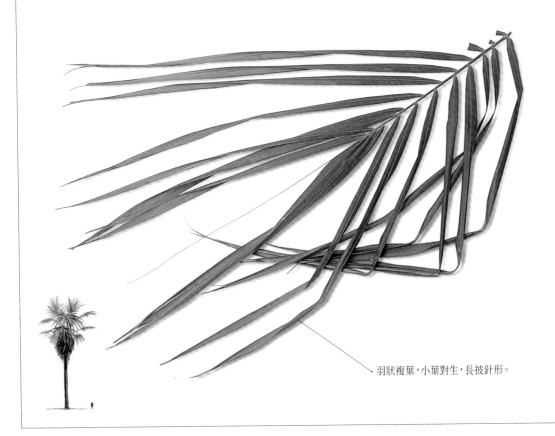

羽狀複葉，小葉對生，長披針形。

高度125公尺	樹形 羽狀葉棕櫚形	葉持久性 常綠	葉型

特徵 常綠大喬木，莖幹端直，無分枝，光滑；嫩時基部膨大，隨生長而漸向上變為粗肥，節環明顯。葉頂生，有光澤，羽狀複葉，葉柄短，葉長3公尺，小葉互生，長披針形，先端2裂、尖銳。春天開花，雌雄同株，白色，成肉穗花序自葉鞘基部抽出，初時裹於一個圓筒形之佛燄苞內。核果闊卵形，小指頭般大，暗紅至黑紫色，種子略球形。

用途 由於樹形高大，樹姿雄偉挺立，全島校園均有種植，為公園、庭園之主要樹木。早期人們將果實作為豬和鴿子的飼料。

分布 分布於中美洲，古巴、牙買加、巴拿馬。台灣目前許多校園及重要道路普遍種植。

俗名 王棕、文筆樹

核果闊卵形

肉穗花序上結實纍纍

推薦觀賞路段

北：台北市的台灣大學、台北植物園、木柵路、仁愛路以及羅斯福路皆可見。

中：台中市國立自然科學博物館。

南：高雄市原高雄市政府前、中山路、中華路、博愛路，屏東市中正路。

東：花蓮及台東市區。

大王椰子的單幹直立

成排的大王椰子將建築物襯托得非常壯觀

生態現象

大王椰子大型的葉子成叢生長於枝幹的頂部，枝幹通常不分枝，而呈現單一通直的樣子，看起來有直達天際的感覺，讓人身心愉快。棕櫚科的植物一般都是生長在溫暖的地區，總給人熱帶風情的印象，因而受到喜愛，目前已成為重要的景觀植物。

棕櫚科 Arecaceae	*Hyophorbe lagenicaulis Mart. H. E. Moore*	原產地　印度洋群島

酒瓶椰子 Bottle Palm

　　酒瓶椰子樹形就和名稱一樣，像個酒瓶一樣。酒瓶椰子雖是單一主幹，但上細下粗，基部猶如酒瓶般肥大，最大外徑可達60公分，樹幹褐色，有顯著環紋狀，尤其較小棵的酒瓶椰子，真像帶個啤酒肚似的，很容易辨識。由於外形可愛，所以目前被大量使用於公園綠化及造園景觀上。酒瓶椰子原產於印度洋群島，喜歡高溫多濕的氣候，所以台灣於19世紀初開始引進，早期大多種植於台灣南部地區，現已廣泛栽植全島各地，非常普遍，很多庭園造景或是辦公室大樓的公共空間綠化常會栽植。

單幹上細下粗，基部肥大型如酒瓶。

羽狀複葉，小葉披針形。

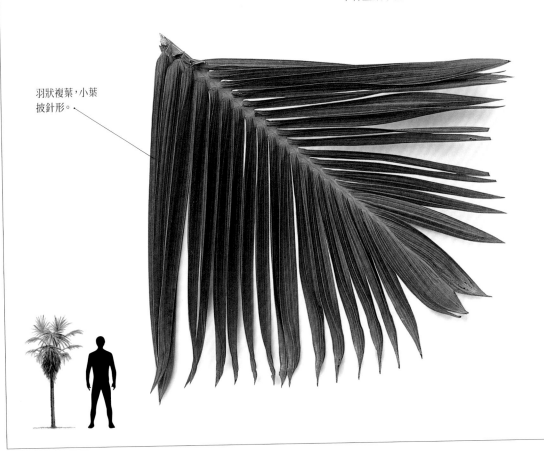

高度2公尺	樹形　羽狀葉棕櫚形	葉持久性　常綠	葉型

特徵 酒瓶椰子葉為羽狀複葉，全裂，小葉40至60對，披針形；葉柄紅褐色，非常堅硬；葉鞘圓筒狀，如竹皮緊被幹部，葉長1至1.5公尺。雌雄同株，肉穗花序之佛燄苞多數。漿果熟呈金黃色。種子橢圓形，長1至1.5公分。

用途 耐乾燥及風雨，適於庭園、公園綠化觀賞之用或為小型行道樹。

分布 印度洋群島、模里西斯、馬斯加里尼島。喜歡陽光充足溫暖的環境，目前台灣全島普遍栽培，尤其常被拿來當行道樹及校園綠化樹。

俗名 德利椰子

推薦觀賞路段

酒瓶椰子是台灣常見的行道樹，由於造型優美、容易栽植，目前被廣泛利用於行道樹及校園植栽上。

北：台北市台北植物園及市區各級學校。

中：台中市國立自然科學博物館、靜宜大學、中興大學及市區各級學校。

南：縣市公園及校園。

東：台東縣初鹿牧場，縣市公園及校園。

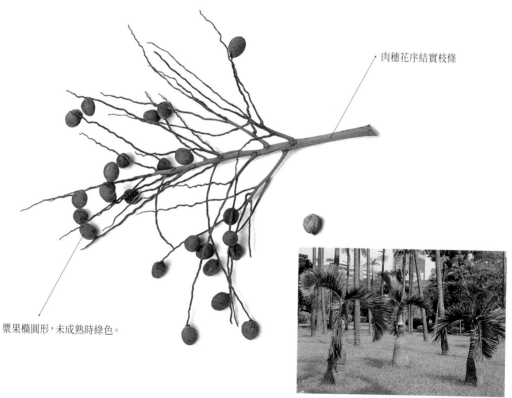

肉穗花序結實枝條

漿果橢圓形，未成熟時綠色。

葉子簇生幹頂，小葉40至60對

生態現象

酒瓶椰子生性強健，喜高溫多濕，日照需充足，不耐寒，生長緩慢，壽命長達數十年。粉介殼蟲會於酒瓶椰子葉鞘內部危害。

| 棕櫚科 Arecaceae | *Chrysalidocarpus lutescens* Wendl. | 原產地　非洲 |

黃椰子 Yellow Areca Palm

　　黃椰子原產於馬達加斯加島，喜歡高溫多濕的氣候。台灣於19世紀初引進，現已廣泛地栽植全島各地。黃椰子的樹形雅致，而且樹幹、葉鞘、羽狀葉片和果實都帶著討喜的金黃色澤，因此除了被廣泛用在綠化植栽上，目前也利用作為辦公室綠化的植栽上，目前各大苗木商及花市內都能輕易買到。

　　黃椰子樹幹叢生，有顯著的環節與竹類植物多簇生一處，且枝幹有黃或黃綠色環狀紋。黃椰子細長的葉子常被用來編織成生動的昆蟲，是常用的環境教育材料。

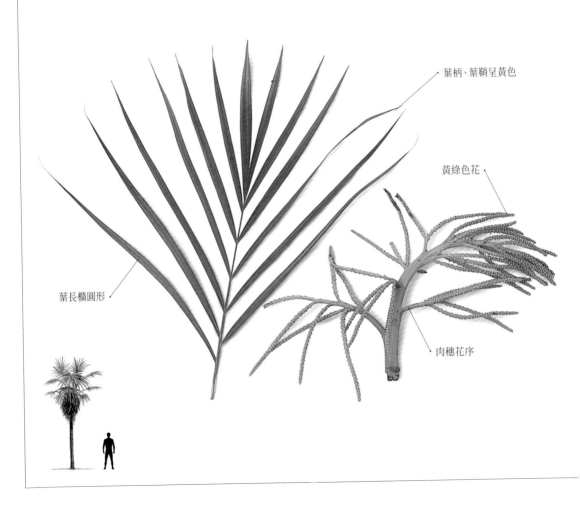

葉柄、葉鞘呈黃色

黃綠色花

葉長橢圓形

肉穗花序

高度5公尺	樹形　羽狀葉棕櫚形	葉持久性　常綠	葉型

特徵 常綠，株高3至8公尺，樹幹叢生，有顯著環節。葉淡黃色，羽狀複葉，叢生於枝端，長橢圓形，小葉40至50對，線形且先端2裂，全緣且主脈3條，雌雄異株，肉穗花序，腋生，花極小，黃綠色，花期4至6月。果實呈漿果狀，外果皮紫黑色。種子倒圓錐形。

用途 景觀綠化樹、行道樹

分布 東非沿海，馬達加斯加島，台灣全島普遍栽培。

俗名 散尾葵、黃蝶椰子

漿果倒圓錐形，1.2公分。

推薦觀賞路段

黃椰子是台灣非常普遍的行道樹及庭園樹種，因為樹形優美、種植容易，所以在全台多處路段與公園皆可發現它的蹤跡。

北：台北市的台北植物園、士林官邸、北投公園，桃園市慈湖。

中：南投縣中興新村，台中市都會公園、松竹國小。

南：台南市中山國中，高雄市中正國小，屏東市中山公園。

東：宜蘭郊區休閒農場，花東縣市各大校園。

黃椰子的樹形雅致可供觀賞

生態現象

紫蛇目蝶產卵於黃椰子樹的葉子背面，初孵化的幼蟲，會將卵殼吃掉。成長的幼蟲以黃椰子的葉為食，因此在黃椰子上經常可以發現蝶類的蛹殼。

名詞釋義

溫帶植物 Temperate plant
生長在熱帶及寒帶之間的植物。在台灣泛指分布在海拔2,000至3,000公尺高度的山區，年平均氣溫在攝氏10度左右地帶的植物。

亞熱帶植物 Subtropical plant
分布在台灣海拔500至2,000公尺高度的山區，屬於年平均氣溫在攝氏16度左右地帶的植物。

熱帶植物 Tropical plant
生長於低緯度濕熱地帶的植物。台灣泛指分布在海拔300至500公尺高度的山區，年平均氣溫在攝氏20度左右地帶的植物。

濕地 Wet land
陸域與水域之間的交會地帶，經常或間歇地被潮汐、洪水淹沒的土地。

經濟植物 Economic Plant
提供具有經濟價值之直接原料植物。

外來植物 Exotic plant
一地區之非本地種植物或是由外地引進而來的植物。

蛹 Pupa
昆蟲在幼蟲階段之一中間型。

羽化 Emergence
在昆蟲的生活史中，由蛹或幼蟲蛻變為成蟲的過程。

種皮 Seed-coat
種皮主要由珠被發育而成，珠被一般可分為內珠被與外珠被。

角質 Cutin
為各種脂肪酸產物構成的物質。

邊材 Sapwood
莖的木質部外側部分，含有一些活的細胞，位於心材外側，具運輸功能。

心材 Heartwood
主幹或枝條中心部分的木材，材質緻密且顏色較邊材深，具有支持功能，全由無生命之細胞組成。

闊葉樹一級木 Hardwoods first Class
闊葉樹中利用價值高、材質佳的樹種。

原生樹種 Native trees
指在某地自然生長非由外地引進之樹種。

蜜源植物 Nectar source plants
特指植物的花蜜及花粉能被昆蟲利用者。

木栓組織 Cork tissue
具木栓質細胞壁的死細胞組織，為樹皮部分。

葉腋 Axil
葉柄上方和莖相連的點。

臭氧 Ozone
一無色、具刺激性、有毒之氣體。

指標植物 Indicator plant
凡是能藉由植物之存在與否、頻度、活力等，以顯示其周遭環境之某一特別性質者。

陽性樹種 Heliophyte
喜好生長於陽光充足處之植物。

不定根 Adventitions roots
非由種子幼根所分生之支根，由莖上或葉上所生出的根。

性費洛蒙 Sex pheromone
由動物所散發出來，用以吸引異性的特殊化學氣味。

演替 Succesion
在一地區植被發展過程中，後期植物群落侵入或取代前期植物之過程。

先鋒植物 Pioneer plants
演替過程中最早進入某一植物社會的物種。

固氮細菌 Nitrogen fixation
生存於植物根部，協助植物固定及同化大氣中游離態氮的細菌。

根瘤 Root nodule
在植物的根部，由於共生性固氮細菌之侵入而膨大成瘤狀。

變種 Variety
種內或亞種內的一個分類群。

附生植物 Epiphyte
生長在另一植物體上之植物。

民族植物 Ethnobotany
係指與居民日常生活有關的野生植物。

海岸植物 Beach plant
生長在海邊岩岸和沙灘植物的總稱。

有毒植物 Toxic plant
植物體上所分泌的物質，對人類或其他生物來說具有威脅或能造成傷害的植物。

綠籬植物 Shrubbery
成列地密植灌木使成圍籬狀的植物。

葉鞘 Leaf sheath
單子葉植物葉柄整個變成鞘狀。

孑遺植物 Relic plants
在化石中曾發現且目前仍存在的植物。

特有種 Endemic species
為某些特定地區原生，且只存在於該地的物種。

蜜腺 Nectary
指植物器官中分泌蜜汁的腺體。

行道樹開花及落葉期一覽表

物種名稱	開花期／落葉期											
濕地松	1	2	3	4	5	6	7	8	9	10	11	12
落羽松 *	1	2	3	4	5	6	7	8	9	10	11	12
龍柏	1	2	3	4	5	6	7	8	9	10	11	12
竹柏	1	2	3	4	5	6	7	8	9	10	11	12
肯氏南洋杉	1	2	3	4	5	6	7	8	9	10	11	12
烏心石	1	2	3	4	5	6	7	8	9	10	11	12
梅		2	3	4	5	6	7	8	9	10	11	
大葉合歡	1	2	3	4	5	6	7	8	9	10	11	12
金龜樹	1	2	3	4	5	6	7	8	9	10	11	12
杜英 *	1	2	3				7	8	9	10	11	12
錫蘭橄欖 *	1	2	3	4	5	6	7	8	9	10	11	12
槭葉翅子木	1	2	3	4	5	6	7	8	9	10	11	12
銀葉樹	1	2	3	4	5	6	7	8	9	10	11	12
猢猻木	1	2	3	4	5	6	7	8	9	10	11	12
吉貝	1	2	3	4	5	6	7	8	9	10	11	12
馬拉巴栗	1	2	3	4	5	6	7	8	9	10	11	12
厚皮香	1	2	3	4	5	6	7	8	9	10	11	12
瓊崖海棠	1	2	3	4	5	6	7	8	9	10	11	12
檸檬桉	1	2	3	4	5	6	7	8	9	10	11	12
大葉桉	1	2	3	4	5	6	7	8	9	10	11	12
白千層	1	2	3	4	5	6	7	8	9	10	11	12
九芎 *	1	2	3	4	5	6	7	8	9	10	11	12
欖仁樹 *	1	2	3	4	5	6	7	8	9	10	11	12
大葉山欖	1	2	3	4	5	6	7	8	9	10	11	12
月橘	1	2	3	4	5	6	7	8	9	10	11	12
大葉桃花心木	1	2	3	4	5	6	7	8	9	10	11	12
黃連木 *	1	2	3	4	5	6	7	8	9	10	11	12
台東漆	1	2	3	4	5	6	7	8	9	10	11	12
白雞油	1	2	3	4	5	6	7	8	9	10	11	12
海檬果	1	2	3	4	5	6	7	8	9	10	11	12
緬梔	1	2	3	4	5	6	7	8	9	10	11	12
草海桐	1	2	3	4	5	6	7	8	9	10	11	12
第倫桃	1	2	3	4	5	6	7	8	9	10	11	12
白水木	1	2	3	4	5	6	7	8	9	10	11	12
玉蘭花	1	2	3	4	5	6	7	8	9	10	11	12
流蘇	1	2	3	4	5	6	7	8	9	10	11	12
烏皮九芎	1	2	3	4	5	6	7	8	9	10	11	12
樟樹	1	2	3	4	5	6	7	8	9	10	11	12
垂柳	1	2	3	4	5	6	7	8	9	10	11	12
茄苳 *	1	2	3	4	5	6	7	8	9	10	11	12
烏桕 *	1	2	3	4	5	6	7	8	9	10	11	12
福木	1	2	3	4	5	6	7	8	9	10	11	12
芒果	1	2	3	4	5	6	7	8	9	10	11	12
黑板樹	1	2	3	4	5	6	7	8	9	10	11	12
紅楠	1	2	3	4	5	6	7	8	9	10	11	12
山櫻花 *	1	2	3	4	5	6	7	8	9	10	11	12
桃	1	2	3	4	5	6	7	8	9	10	11	12
艷紫荊	1	2	3	4	5	6	7	8	9	10	11	12
羊蹄甲	1	2	3	4	5	6	7	8	9	10	11	12
雨豆樹	1	2	3	4	5	6	7	8	9	10	11	12
水黃皮	1	2	3	4	5	6	7	8	9	10	11	12
美人樹	1	2	3	4	5	6	7	8	9	10	11	12

開花期以 ▆ 色塊表示，落葉期以 ▆ 色塊表示，樹種的欄位底色與本書邊欄顏色同，表示開花顏色。

	1	2	3	4	5	6	7	8	9	10	11	12
杜鵑	1	2	3	4	5	6	7	8	9	10	11	12
大花紫薇 *	1	2	3	4	5	6	7	8	9	10	11	12
春不老	1	2	3	4	5	6	7	8	9	10	11	12
苦楝 *	1	2	3	4	5	6	7	8	9	10	11	12
重瓣夾竹桃	1	2	3	4	5	6	7	8	9	10	11	12
金露花	1	2	3	4	5	6	7	8	9	10	11	12
阿勃勒	1	2	3	4	5	6	7	8	9	10	11	12
黃槐	1	2	3	4	5	6	7	8	9	10	11	12
鐵刀木	1	2	3	4	5	6	7	8	9	10	11	12
盾柱木	1	2	3	4	5	6	7	8	9	10	11	12
羅望子	1	2	3	4	5	6	7	8	9	10	11	12
相思樹	1	2	3	4	5	6	7	8	9	10	11	12
印度黃檀	1	2	3	4	5	6	7	8	9	10	11	12
印度紫檀	1	2	3	4	5	6	7	8	9	10	11	12
台灣赤楊	1	2	3	4	5	6	7	8	9	10	11	12
榔榆	1	2	3	4	5	6	7	8	9	10	11	12
黃槿	1	2	3	4	5	6	7	8	9	10	11	12
細葉欖仁	1	2	3	4	5	6	7	8	9	10	11	12
毛柿	1	2	3	4	5	6	7	8	9	10	11	12
台灣欒樹 *	1	2	3	4	5	6	7	8	9	10	11	12
荔枝	1	2	3	4	5	6	7	8	9	10	11	12
黃花夾竹桃	1	2	3	4	5	6	7	8	9	10	11	12
黃金風鈴木	1	2	3	4	5	6	7	8	9	10	11	12
龍眼	1	2	3	4	5	6	7	8	9	10	11	12
鳳凰木	1	2	3	4	5	6	7	8	9	10	11	12
珊瑚刺桐	1	2	3	4	5	6	7	8	9	10	11	12
雞冠刺桐	1	2	3	4	5	6	7	8	9	10	11	12
黃脈刺桐	1	2	3	4	5	6	7	8	9	10	11	12
刺桐	1	2	3	4	5	6	7	8	9	10	11	12
木麻黃	1	2	3	4	5	6	7	8	9	10	11	12
掌葉蘋婆	1	2	3	4	5	6	7	8	9	10	11	12
扶桑花	1	2	3	4	5	6	7	8	9	10	11	12
火焰木	1	2	3	4	5	6	7	8	9	10	11	12
楓香 *	1	2	3	4	5	6	7	8	9	10	11	12
銀樺	1	2	3	4	5	6	7	8	9	10	11	12
木棉	1	2	3	4	5	6	7	8	9	10	11	12
印度橡膠樹	1	2	3	4	5	6	7	8	9	10	11	12
垂榕	1	2	3	4	5	6	7	8	9	10	11	12
榕樹	1	2	3	4	5	6	7	8	9	10	11	12
黃金榕	1	2	3	4	5	6	7	8	9	10	11	12
菩提樹	1	2	3	4	5	6	7	8	9	10	11	12
稜果榕	1	2	3	4	5	6	7	8	9	10	11	12
亞力山大椰子	1	2	3	4	5	6	7	8	9	10	11	12
叢立孔雀椰子	1	2	3	4	5	6	7	8	9	10	11	12
可可椰子	1	2	3	4	5	6	7	8	9	10	11	12
蒲葵	1	2	3	4	5	6	7	8	9	10	11	12
棍棒椰子	1	2	3	4	5	6	7	8	9	10	11	12
羅比親王海棗	1	2	3	4	5	6	7	8	9	10	11	12
台灣海棗	1	2	3	4	5	6	7	8	9	10	11	12
大王椰子	1	2	3	4	5	6	7	8	9	10	11	12
酒瓶椰子	1	2	3	4	5	6	7	8	9	10	11	12
黃椰子	1	2	3	4	5	6	7	8	9	10	11	12

* 表示變葉樹種，老樹會變色，四季景觀明顯變化。

中名索引

學名索引

致謝

　　一本書的完成總有許多因緣際會，這本書也是如此。會對樹木產生濃厚的興趣，進而熱切的觀察周遭的草木，首先要感謝潘富俊博士，大學時他教導我們樹木學，引領我們跨入植物分類的門檻。此外，蘇鴻傑教授指導我們從分類與型態以外的角度切入觀察植物，讓我們在生態學浩瀚的領域裡有更宏觀的視野；廖日京老師長年指導樹木分類知識，並慷慨贈與許多珍貴大作，令我們受益匪淺；中央研究院植物標本館館長彭鏡毅研究員教導筆者嚴謹的植物分類方法與植物標本處理步驟，身體力行的認真態度令我們心悅誠服。感謝他們的諄諄教誨，方能讓我們有從事寫作此書的素養。更感謝恩師台灣大學農學院楊平世院長百忙之際撥冗寫序推薦，恩師蘇鴻傑教授多年的教誨並為拙作寫序。

　　感謝貓頭鷹出版社讓我們的興趣與專長有發揮的舞台，得以有此機會讓大家更了解自然，為台灣土地略盡棉薄之力，尤其是徐惠雅小姐的大力促成，才能讓這本書從構想進而付諸實行。感謝張曉君小姐用心編排、李季鴻先生與廖于婷小姐細心編輯、黃瓊慧小姐幫忙校稿、林哲緯先生細緻的繪圖、趙建棣先生撰寫森氏紅淡比、阿里山千金榆、紅楠、烏皮九芎，楊智凱先生撰寫青剛櫟、長尾栲、流蘇，並支援本書絕大部分新增物種的圖片、朱岷寬與彭炳勳學弟協助植物的採集與攝影工作，讓本書更形精緻；也感謝身邊的友人，在同車時不厭其煩地為我們記錄下每一條道路所栽植的樹種，讓本書的資料更完備。

　　另外，感謝新北市政府夏玉亭小姐、高雄市政府、屏東縣政府等各單位之承辦人員惠予協助提供各路段的行道樹種資料，在此一併致謝。

台灣行道樹圖鑑

從葉型、花色、樹形輕鬆辨識
全台110種常見行道樹　　YN7003

作　　　者	陳俊雄、高瑞卿
攝　　　影	郭信厚
責任主編	李季鴻
協力編輯	廖于婷
影像協力	廖于婷
特　　　稿	楊智凱、趙建棣
繪　　　圖	林哲緯、張晉豪
校　　　對	黃瓊慧、李季鴻
版面構成	張曉君
封面設計	林敏煌
行銷統籌	張瑞芳
行銷專員	段人涵
總 編 輯	謝宜英
出 版 者	貓頭鷹出版

發 行 人　涂玉雲
榮譽社長　陳穎青
發　　　行　英屬蓋曼群島商家庭傳媒股份有限公司城邦分公司
　　　　　　104 台北市中山區民生東路二段 141 號 11 樓
劃撥帳號：19863813／戶名：書虫股份有限公司
城邦讀書花園：www.cite.com.tw／購書服務信箱：service@readingclub.com.tw
購書服務專線：02-2500-7718～9（週一至週五 09:30-12:30；13:30-18:00）
24 小時傳真專線：02-25001990～1
香港發行所　城邦（香港）出版集團／電話：852-28778606／傳真：852-25789337
馬新發行所　城邦（馬新）出版集團／電話：603-90563833／傳真：603-90576622
印 製 廠　中原造像股份有限公司
初　　　版　2019 年 8 月／四刷 2022 年 11 月
定　　　價　新台幣 900 元／港幣 300 元
ISBN　978-986-262-395-4

有著作權・侵害必究

貓頭鷹

讀者意見信箱 owl@cph.com.tw
投稿信箱 owl.book@gmail.com
貓頭鷹臉書 facebook.com/owlpublishing/
【大量採購，請洽專線】(02)2500-1919

本書採用品質穩定的紙張與無毒環保油墨印刷，以利讀者閱讀與典藏。

國家圖書館出版品預行編目(CIP)資料

台灣行道樹圖鑑：從葉型、花色、樹形輕鬆
辨識全台 110 種常見行道樹／陳俊雄，高瑞卿
撰文．郭信厚攝影．-- 初版．-- 臺北市：貓頭
鷹出版：家庭傳媒城邦分公司發行，2019.08
280 面；17×23 公分（自然珍藏系列）
ISBN 978-986-262-395-4（平裝）
1. 行道樹 2. 植物圖鑑 3. 台灣

436.13333　　　　　　　　　108012295